最新測量学

第3版

上浦正樹・姫野賢治・亀野辰三
石井一郎・田中修三

共著

森北出版株式会社

● 本書のサポート情報を当社Webサイトに掲載する場合があります．下記のURLにアクセスし，サポートの案内をご覧ください．

https://www.morikita.co.jp/support/

● 本書の内容に関するご質問は，森北出版 出版部「(書名を明記)」係宛に書面にて，もしくは下記のe-mailアドレスまでお願いします．なお，電話でのご質問には応じかねますので，あらかじめご了承ください．

editor@morikita.co.jp

● 本書により得られた情報の使用から生じるいかなる損害についても，当社および本書の著者は責任を負わないものとします．

■ 本書に記載している製品名，商標および登録商標は，各権利者に帰属します．

■ 本書を無断で複写複製（電子化を含む）することは，著作権法上での例外を除き，禁じられています．複写される場合は，そのつど事前に（一社）出版者著作権管理機構（電話03-5244-5088, FAX03-5244-5089, e-mail：info@jcopy.or.jp）の許諾を得てください．また本書を代行業者等の第三者に依頼してスキャンやデジタル化することは，たとえ個人や家庭内での利用であっても一切認められておりません．

第3版の序

　この10年あまりを見渡すと，測量を取り巻く科学技術は，さまざまな分野で急速な発展を遂げている．そして，これを受けて測量法が改正され，地理空間情報活用推進基本法などのGIS等に関する法律が制定された．本書は，大学，工業高等専門学校を対象に，最新の測量を取り込んで測量全体を理解しやすくする教科書を目標にしていることから，今回これらの内容を加えて改訂することとした．そのおもなものを以下の3項目に示す．第1番目は世界測地系の導入である．これは，人工衛星を用いた測位技術の進歩によって，明治時代から使用していた日本測地系での誤差が明らかになったことから，より精度の高い世界測地系に移行したことによるものである．第2番目は衛星測位について追記した点である．近年，米国のGPS衛星に加え，ロシア，欧州，中国などが同様の人工衛星を打ち上げており，GPS衛星にこれらの衛星を加えてGNSS衛星として衛星測位を行うことができるようになってきた．また，GNSS衛星からの電波を連続的に受信する基準点として電子基準点が設置され，この基準点による全国のネットワークがつくり上げられている．この活用例には，地殻の変動により多くの基準点が移動した東日本大震災（平成23年3月発生）後の，正確な位置の確定を早期にできたことなどがある．これらの点について，項目ごとに記載している．第3番目は，センサー技術の発達とコンピュータの性能向上によってレベルアップした，測量の器機に関する点である．

　このように，測量技術の大幅な進歩で，測量に関する情報がかなり高度なレベルまで容易に入手できるようになってきた．一方で，これらの情報の運用や活用を十分行うために，新たな知識が必要となってきている．この点から，今回の改訂では，紙面の都合で測量の歴史などは一部縮小せざるを得なかったが，従来の基礎的な事項に加えてより複雑なケースを対象に，原理から応用まで説明を加えている．

　以上により，今後も発展していく測量技術の理解に役立てば幸いである．
2015年10月

著者らしるす

序

　中世までは，工学といえば military engineering と civil engineering しかなかった．前者は軍事科学であり戦争のためのものであるが，後者は市民科学であり市民生活のためのものであって，戦争があると前者が発達して，後者にも影響を及ぼすなど，互いに関係が深かった．後者の civil engineering から派生して，電気工学や機械工学や建築学などが発達したのであるが，その親元は技術の根幹とされた．これが中国で土木となり，日本にも伝わって土木工学と称されるようになった．

　この土木工学の中心となるものが測量学であり，測量学が基本となって発達した．すべての科学は測量に始まるとさえいわれていた．そして，土木技師とは測量技師のことであった．アメリカの初代大統領のワシントンは土木技師であり，当時は測量技師とよばれていたのである．測量技師はエンジニアの先端をゆくものであった．

　上記のように，測量技術は歴史が古い．そして，それが現代にもつながっていることから，本書でも第1章で測量の歴史について述べている．そして，土木工学のなかで測量技術ほど技術の進歩の早いものはない．たとえば，3.2節で述べる角測量に用いるトランシットについては，最近は8.6.1項で述べるトータルステーションを用いるのが普通である．しかし，原理を理解するために，あえて図3.16や図3.17などでトランシットを説明し，8.6.1項でトータルステーションを説明している．これは，商船大学で練習航海には，現在使われていない帆船を用いるのと通じるところがある．

　近代測量技術について，第7章と第8章において詳しく述べている．歴史ある古いものと，宇宙科学を応用した近代科学技術が融合したものが測量学の特徴といえる．

　本書は，大学・工業高等専門学校・短期大学・専門学校の土木工学関連学科における「測量学」の教科書として編集したものであるが，社会人となった方々で，学校ではGNSS測量とかGISとかリモートセンシングなど，近代測量技術を習わなかった方々にも使えるように配慮して，近代測量技術については他よりも詳しく述べた．

　なお，本書をまとめるにあたっては多くの方々のご協力をいただいた．そして多くの図書や文献を参考にさせていただいた．一部の方にはお目にかかってご了解をいただいたが，その他の方々には，参考文献一覧表として巻末にまとめて掲載し，必要あるときには[1]のように参考文献番号をつけて出典を明示した．

1998年12月

編著者しるす

目 次

第1章 総 論 ·· 1
- 1.1 緒 論　1
- 1.2 測量の歴史　1
- 1.3 地球の形状と測量　6
- 1.4 基準点　14
- 1.5 測量の種類　19
- 1.6 測量法　21
- 1.7 公共測量　21
- 1.8 測量士および測量士補　24
- 1.9 測量業者登録　26
- **演習問題 1**　26

第2章 測量のための数学 ··· 27
- 2.1 円周率（π）とアーチ理論　27
- 2.2 弧 度　29
- 2.3 三角関数　29
- 2.4 誤差論　33
- 2.5 最小自乗法　37
- 2.6 等精度と異精度　39
- **演習問題 2**　42

第3章 距離, 角, 高さの測量 ··· 44
- 3.1 距離測量　44
- 3.2 角測量　51
- 3.3 高さの測量（水準測量）　60
- **演習問題 3**　69

第 4 章　位置決定のための測量 　70

- 4.1　概　要　70
- 4.2　トラバース測量の要点　71
- 4.3　トラバースの種類　71
- 4.4　トラバース測量の作業　72
- 4.5　トラバースの調整計算　75
- 4.6　閉合トラバース測量の調整計算例（左回り）　82
- 4.7　閉合トラバース測量の調整計算例（右回り）　88
- 4.8　結合トラバース測量の調整計算例　93
- 4.9　三角測量　98
- 4.10　三辺測量　100
- 演習問題 4　103

第 5 章　地形測量　104

- 5.1　概　要　104
- 5.2　平板測量用の器材　104
- 5.3　平板の据え付け方　107
- 5.4　平板測量の作業　109
- 5.5　測量に用いる製図　112
- 演習問題 5　115

第 6 章　応用測量　117

- 6.1　路線測量　117
- 6.2　河川測量　130
- 6.3　用地測量　135
- 演習問題 6　139

第 7 章　空中写真測量　140

- 7.1　写真測量　140
- 7.2　空中写真の撮影　141
- 7.3　地図作成の順序　142
- 7.4　空中写真の縮尺　145
- 7.5　空中写真の実体視　146

 7.6 実体図化機による測定 149
 7.7 ディジタル空中写真測量 152
 演習問題 7 153

第 8 章　ディジタル・サーベイイング 154
 8.1 超長基線電波干渉法（VLBI 測量） 154
 8.2 人工衛星レーザ測距 156
 8.3 GNSS 測量（旧 GPS 測量） 156
 8.4 リモートセンシング 163
 8.5 その他の測量新技術 170
 8.6 測量器機の技術革新 175
 演習問題 8 180

演習問題解答 181
付属資料 183
参考文献 191
索　引 193

第1章

総　論

1.1　緒　論

　地球表面上にある，土地を中心とする自然のもの，または，人工的につくられたものについて，その近傍の地点との相互関係および位置を確立する科学技術を測量（surveying）という．つまり，測量とは，その位置関係を，あらかじめ決められた座標系による数値座標で表したり，地図や断面図などの視覚的な図形で表現をする一連の技術である．また，得られた測定資料に基づく種々のデータ処理技術も含まれ，また，地図の調製および測量用写真の撮影も含まれる．

　このうち，わが国の国土の開発・利用・保全などの役割を担うのが「土地に関する測量」であり，この土地に関する測量について定められた法律が"測量法"（以下，「法」という）である．

　地球は球体に近く，表面はゼロではない曲率をもっているという特徴から，その表面上にあるいろいろな物体の位置関係を一般的に表すためには，三次元的な表現が必要となる．このような考え方で発展した学問を測地学といい，どちらかといえば理学に近い．測量学は，このような測地学を学問的な基礎として，工学の一分野として発展したものである．なお，地球は球体に近いが，国土交通省国土地理院が国家レベルで実施する骨組測量をはじめとして，工事レベルに至る測量まで，すべての測量は基本的には地表面を平坦とみなしている．

1.2　測量の歴史

　現代技術は土木技術（civil engineering）を根幹として発達したものであり，その土木技術は測量にはじまったとされている．

1.2.1　測量の起源

　測量が発達したのは，紀元前3000年ごろのエジプト文明が発達したナイル川流域とされている．課税の必要上，ナイル川が氾濫した後の耕地の境界線を明らかにするために測量技術が生まれたものとされている．

古代文明が進み，紀元前 2000 年ごろに，エジプトで王の威厳を示す目的から，王の墓として，カイロの近郊のギザなどでピラミッドが建設されるようになった．それに用いた当時の測量技術は，ピラミッドの長さ・勾配・角度・方角など，現在の技術からみても実に正確である．どのピラミッドの斜面勾配も 52° であり，ピラミッドの底面の対辺はほぼ平行となっている（図 1.1 参照）．

図 1.1 エジプトのピラミッド

紀元前 195 年には，エジプトで地球の弧長測量が実施された．シェナ（現在のアスワン）では夏至の日の正午に太陽が真上にくる．ほぼ同一経度のアレキサンドリアで，太陽高度を垂直に立てた棒の影の長さから算定した．両地点間の距離は，隊商の 1 日平均行程と両地点間の所要日数から算定し，子午線の長さを約 23,000 km とした．近代になって測定された 20,000 km と比較してもかなり正確である．

紀元前 50 年ごろ，ローマ帝国に君臨したシーザーは，課税の公平のためにローマ帝国全土にわたって土地測量を指令したといわれる．

中国は，古代において進歩した土木技術と天文の知識をもっていて，距離や角度は正確であった．600 年前後に，わが国は当時先進国であった中国（政権は隋朝，唐朝）に遣隋使や遣唐使を派遣して文化を吸収し，測量法や計算手法の知識を学んだ．

奈良時代の天平中期の 737 年ごろには，局部的な測量製図が行われていた．文武天皇のときに派遣された遣唐使の一人である僧の行基（668〜749 年）は唐の知識を学び，これをもとにして，全国の海道図，つまり全国地図（行基図という．図 1.2 参照）を作成した．これが日本の最古の地図とされている．

1.2.2 中世の測量理論の開花

15 世紀にアラビア人がコンパスを発明し，1609 年にイタリアのガリレオが凹凸レンズによる望遠鏡を発明した．1615 年にオランダ人のスネリウスが三角測量の理論を考え出し，ベルゲン〜アルクマール間で弧長測量を実施したことにより，測量技術は大

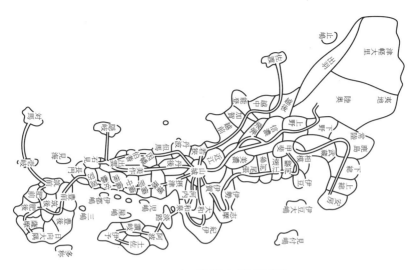

図 1.2 全国海道図（行基図）[7]

きく進歩した．さらに，18世紀には角度を測定するトランシットが発明された．1795年に，ドイツのガウスが最小自乗法による誤差論を考え，測量の誤差が理論的に処理されるようになり，精密な調整計算ができるようになった．なお，最小自乗法の論文は，1805年にフランスのルジャンドルが発表したものが最初とされる．

わが国の測量技術は中国（隋朝，唐朝）から学んだが，鎌倉時代と室町時代の末期の戦国時代に世の中が乱れて，群雄割拠した各地で勝手に度量衡が定められた．そのために，一部で1里を36町として用いられたりするなど，名称から単位までも不統一となって田制や租税などにも不都合が生じた．

安土桃山時代となって豊臣秀吉が全国統一を成し遂げると，天正17年（1589年）に土地の検地丈量（地籍調査）が全国で統一的に行われ，大規模な測量が行われた．これが太閤検地とよばれるもので，その結果を総合した日本全国絵図が文禄4年（1595年）につくられ，これを文禄国絵図とよんでいる．そして，度量衡も統一された．なお，明治維新後に1里36町として確定された．

1.2.3 江戸時代のわが国の測量技術

江戸時代初期に，各地で測量検地（地籍調査）が行われ，間竿(けんざお)（6尺3寸を1間とする）を用いて1間平方を1"歩"（現在の坪）とし，300"歩"を1"段"（現在の1反）とした．

検地に使用された測量器具には，①小方儀（磁石とサイトがついていて展望視準に用いる），②梵天竹(ぼんてんちく)（地点を示す竿でポールのようなもの），③細見竹(さいけんちく)（近距離に立てる竿），④水縄(みずなわ)（長距離測定用の間縄），⑤間竿（短距離測定用で6尺が1間），⑥尺杖(しゃくじょう)

(1間以内の短い距離測定用) があった．

製図器具には，⑦分度器，⑧規(コンパス)，⑨針，⑩曲尺，⑪矩，⑫定木，⑬分銅，⑭十字(直角の検定に用いる) が用いられた (図 1.3 参照).

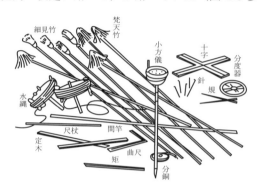

図 1.3 江戸時代に検地に使用された測量器具[7]

各藩では領土の実測のほか，高い山の高さを測るようになった．鶴岡藩では月山と鳥海山の高さを測定した．享保 12 年 (1727 年) に，徳川吉宗の命によって福田履軒は，実測した勾配と斜距離から富士山の高さを測定した．その計算値は 3,847.5 m で，後年の明治 31 年 (1898 年) に近代測量技術により測定した数値の 3,778.00 m と大きな差はない．当時のわが国の測量技術の水準の高さを示すものである．

帝政ロシアは，18 世紀にモンゴル族の住む東シベリアを侵略して自国の領土とした．そして，アイヌ人の住む樺太と千島列島に進出し，さらに，アイヌ人と日本人の住む北海道をも奪おうとして北海道沿海に出没した．江戸幕府は不安を感じて，防御のためにまず地図を作成することにし，江戸幕府の命により伊能忠敬は 18 年の歳月を費やして文政 4 年 (1821 年) に大日本沿海輿地全図を作成し，その地図は伊能中図とよばれた．

このときの測量法は導線法とよばれるもので，実測には主として歩幅 (1 歩は現在の 65 cm) を用い，鎖や間縄や間竿も用いた．断崖絶壁は海上を船で縄を曳いた．街道や海岸線で屈曲している箇所は，方位盤と磁石によって方位角を測定した．導線法による測定は 1 回の誤差は小さいものの，誤差の累積があることから，望見できる山や島や大木などを利用して，その方位を測定して補正した．

わが国の暦法は遅れていたが，長崎で学んだヨーロッパの測量技術および天文学をもとにして，万治 2 年 (1659 年) から経緯度日月食の研究が行われて，延宝 6 年 (1678 年) に江戸麻布地点を測定して北緯 35 度 38 分と定めた．これにより日本列島の地理的位置がわが国でもわかるようになった．なお，この値は，明治となって近代測量技術を用いた測定値，35 度 39 分 17 秒とくらべても，わずかに 1 分余の差しかない．

上述の伊能忠敬は，角度測定には磁気子午線と真の子午線は一致しているものとしてコンパスを用いた．これらの測量機器を用いて，距離と角度を測定し，天文経緯度を決定したのである．

1.2.4　わが国の測量技術の近代化

明治維新となって近代文明が導入されたとき，わが国は三角測量などの近代測量技術を導入した．測量や製図の各部門も西洋に学んだ．早速，全国の地籍調査が行われたが，伊能忠敬の作成した伊能中図がもとになった．なお，伊能中図は現代の人工衛星ランドサットによる日本地図と比べてもほとんど誤差はない．

明治初年の東京（新橋）～横浜（桜木町）間の鉄道建設のときには，イギリス人技師によって測量が行われ，このとき，日本人技術者は近代測量技術を修得した．そして，東海道本線の旧逢坂山鉄道トンネルや北陸本線の柳ケ瀬鉄道トンネル（図 1.4 参照）の建設のときには，これらの技術者によって，わが国で初めて近代的三角測量が実施された．

図 1.4　北陸本線の柳ケ瀬鉄道トンネルの入口（現在は道路トンネルになっている）

陸軍は範をフランスに求めたので，測量もフランス武官の指導を受けた．明治 4 年（1871 年）に，陸軍では兵部省参謀局に測量と地理図誌を任務とする間諜隊を設置し，測量方式の調査研究や試験的作業を行った．この間諜隊が，明治 10 年（1877 年）の西南の役での地図作成に大活躍して勝利に大きな貢献をしたことから，測量および地図作成部門は強化されるようになった．

北海道では，アメリカ人技師によって測量が行われた．一方，明治 6 年（1873 年）に陸軍や海軍の行っていた測量を除き，測量事業は内務省地理寮（後年地理局と改称）の所管となった．東京，大阪，京都のほか，開港 5 港などの主要都市の地図の作成が行われ，全国大三角測量（一等三角測量）が実施されるようになった．

明治 8 年（1875 年）5 月 20 日に，パリでわが国を含む 18 か国が参加して，国際

メートル条約会議が開かれた．そこで，1メートルの長さを，地球1象限の弧長（1万km）の1千万分の1に代えてメートル原器を基準とすることが決議された．

明治12年（1879年）に陸軍が全国測量を行うようになり，基準点の設置も行われたが，内務省の全国大三角測量と競合するようになった．陸軍と内務省の両者の調整が行われた結果，明治17年（1884年）に全国大三角測量は内務省から陸軍に移管されて，測地に関することは陸軍の管轄となった．それで，西南の役で活躍した間諜隊は陸地測量部と名を変え，さらに明治21年（1888年）に，陸地測量部は陸軍部内の独立機関となった．陸地測量部は昭和16年（1941年）までに，全国を覆う一・二・三等三角点および水準点の測量を行う一方，台湾の山地を除き，南樺太を最後として，全国の5万分の1地形図を作成する成果をあげた．この全国の5万分の1地形図は，"参謀本部の地図"として国民に高い評価を受け，大いに国民に愛用された．

1.3 地球の形状と測量

球状をなしている地球の地表面での測量成果は，平面上に投影されて地形図として表現される．そのためには，地球がどのような形をしていて，測量成果をどのように近似的に単純な図形として表しうるかを求めなければならない．

1.3.1 地球の形

地表面がすべて水面であると仮定した場合，地表面の重力方向，つまり鉛直方向は，水面に対して直角であるはずである．このような仮想的な表面をジオイド（geoid）とよび，地球の基準の形状とみなしている．しかし，地球の重力は，地球内部の不均質さのために，その大きさも方向も，場所によって微妙に異なっていて，ジオイド面は少しいびつな形をしている．しかし，地球を短径が長径より0.3％短い回転楕円体とした場合，その凹凸は，地球の表面より50mを超えないことが判明している．

ジオイドを回転楕円体で近似するには，近似させる範囲の大きさによりいくつかの方法がある．一つ目の方法は，地球全体でジオイド面に平均的に最もよく適合するような一つの回転楕円体を求めるものであるが，このためには，地球上のなるべく多くの地域でのジオイド面が知られている必要がある．

二つ目の方法は，地球全体でのジオイド面の測定が困難であった19世紀において，一地域での測定値に基づいて設定されたものであり，ある限定された地域において，その地域のジオイド面と最も一致するように設けられた回転楕円体である．

三つ目の方法は，局地的な回転楕円体であって，その区域内ではジオイド面と最もよく一致するように想定されたものである．これらの回転楕円体は，各地でのジオイド面と回転楕円体面との高さの差の自乗和が最小になるような面として近似される．

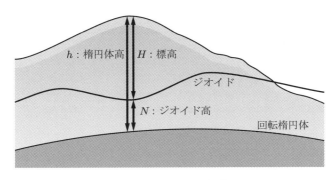

図 1.5 ジオイドと標高

地表面の高さには，地表面とジオイドの高さの差である標高を用いる．ジオイド高と楕円体高と標高の関係を図 1.5 に示す．

1.3.2 測地系

地球の中心を原点と考え，地上の点の位置を緯度・経度などで表すものを測地系とよぶ．図 1.6 に示すように，経度とはイギリスのグリニッジ天文台を通る子午線 L_0 を基準にして，ある地点 P を通る子午線 L までの角 λ で表す．L_0 において，$\lambda = 0$ として東方向にとった角度を東経，西方向にとった角度を西経とよび，それぞれ 180° までの値をもつ．一方，緯度とは，ある地点 P において楕円体の法線が赤道と中心を含む面となす角 ϕ で表されるもので，地球の中心からの仰角ではない．赤道 B_0 から南北にそれぞれ 90° までとり，北緯および南緯とよぶ．

地球を楕円体に近似する方法は，科学技術の進歩に応じてさまざまな種類が提案されている（表 1.1）．わが国では，明治時代に近代国家として不可欠な全国の 5 万分の

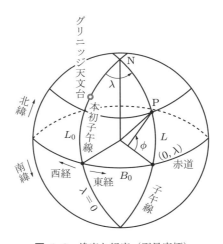

図 1.6 緯度と経度（測量座標）

表 1.1　各種の地球楕円体

楕円体		赤道半径 (a) [m]	扁平率の逆数 ($1/f$)
エベレスト	1830	6,377,276.345	300.8017
ベッセル	1841	6,377,397.155	299.152813
クラーク	1866	6,378,206.4	294.978698
改訂クラーク	1880	6,378,249.145	293.4663
国　際	1924	6,378,388	297.0
クラソフスキー	1940	6,378,245	298.3
IAU-64	1964	6,378,160	298.25
IAG-67	1967	6,378,160	298.247167
WGS-72	1972	6,378,135	298.26
NWL-9D	1973	6,378,145	298.25
SAO-SE III	1973	6,378,140	298.256
IAU-76	1976	6,378,140	298.257
GRS-80	1980	6,378,137	298.257
GRS-80（改訂）	1984	6,378,136	298.257
WGS-84	1986	6,378,137	298.257223

1 地形図を正確に作成するために，ベッセル楕円体（扁平率の逆数は 299.152813）を用いて緯度・経度を定めた基準点網からなる日本測地系が構築された．また，当時の技術によって，天文観測を基に自国のみを対象にした測地系が，世界の各国で形成された．一方，GNSS や VLBI（第 8 章参照）などの技術の進歩により，1980 年ごろから世界測地系として地球全体を統一して測量することが可能となった．世界測地系では，世界各国で共通にして利用できる測地系として，測量学はもとより地理学，地球物理学などの成果を活用して，地球を近似した回転楕円体の中心が地球の重心と一致し，その短軸が地球の自転軸と一致する条件を満たすことが必要である．これから世界測地系の概念を用いたおもな測地系には，わが国をはじめ多くの国で採用されている ITRF 座標系，米国で開発された WGS 座標系，ロシアで採用された PZ 座標系がある．

　世界各国で採用時期や詳細な手法が異なるものの，世界測地系が漸次導入された．わが国では，平成 13 年（2001 年）の測量法の改正により，日本版の世界測地系である日本測地系 2000 に移行した．この測地系では，地球を近似した回転楕円体として，GRS-80 の楕円体（扁平率の逆数は 298.257223）を使用した．ITRF94 座標系により，三次元直交座標系で原点を地球の重心におき，X 軸は原点からグリニッジ子午線と赤道の交点の方向とし，Y 軸は東経 90 度の方向に，Z 軸は北極の方向としている．また，標高は東京湾平均海面を基準にしている．この世界測地系に基づいて，全国の電子基準点と三角点などの測地基準点の位置が定められ，測地成果 2000 としてまとめら

れた．この結果，たとえば，新しい測地系を用いることにより，東京付近では経度が約 -12 秒，緯度が $+12$ 秒程度変化することとなり，位置の座標も北西方向に約 450 m ずれることになる．

1.3.3 地図投影法

ある地点の位置を平面的な座標で表す場合には，平面直角座標を用いる．図 1.7 において，P_1 および P_2 の位置は，地表面に設けられた座標原点 O を通る子午線の北方向を X 軸とし，原点 O において東方向を Y 軸とする座標系における座標値 (X_1, Y_1) および (X_2, Y_2) で表される．このように，平面直角座標系は左手系である．

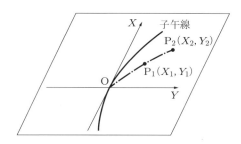

図 1.7 平面直角座標系のとり方

地図投影法とは，三次元である地球表面を平面上に投影する方法であり，この方法を用いて地図は平面座標により作成される．回転楕円体である地球の表面を平面上に投影する場合は，3 種類の条件である距離，角度および面積をひずみなく同時に投影することはできない．よって，これらの条件のうち，特定のもののみを満足する図法として，等距離図法，等角図法および等積図法などがある．ここで，等距離図法とは，地図上の任意の 2 点を結ぶ距離が，地球上の距離に対して正確な比率で表される図法であり，等角図法とは，地図上の任意の 2 点を結ぶ線が経線に対し正確な角度となる図法である．また，等積図法とは，地図上の面積に対応する地球上の面積が正確な比率で表される図法である．

このような違いが生じるのは，投影面と地球との相対位置と光源の場所によって，平面に写し出される地球は大きさだけでなく形状も変化することによる．そこで，投影面と地球との相対位置から，次の 3 種類の図法に分類される（図 1.8）．

（1）方位図法

方位図法とは，投影面を地球に接して設置し，地球の中心から無限大の遠方に設置した光源により生じる投影面上の影を地図とするものである．光源の位置によってそれぞれ図法が定義されている．このうち，正射図法は光源を無限大の遠方に置くもので，地球の半径を表す世界地図や国際航空路線図などに利用されている．

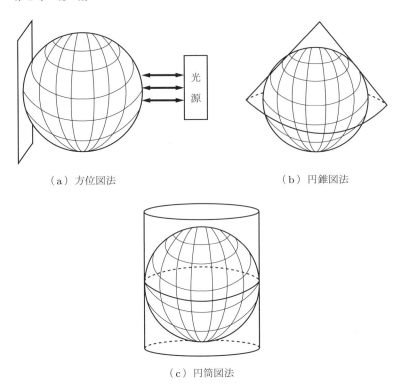

(a) 方位図法　　　　　　　　　（b) 円錐図法

(c) 円筒図法

図 1.8　地図投影法

(2) 円錐図法

地球に円錐をかぶせ，地球の中心から地球表面を投影した後，切り開いて平面にする図法である．この図法では，地球と円錐が緯度線に接するが，これは線で平面に接することから，点が平面に接する方位図法と比較すると，円錐図法はよりひずみが少なく投影されることになる．よって，日本では，代表的な図法であるランベルト正角円錐図法により，50 万分の 1 地方図および 100 万分の 1 国際図の地図投影法として採用されている．また，緯度 80 度以下の地域における世界地図や天気図・国際航空図などに利用されている．

(3) 円筒図法

地球にかぶせた円筒に，地球の中心から地表表面を投影した後，切り開いて平面にする図法である．この図法では，地球と円筒が赤道線に接するが，これは線で平面に接することから，赤道付近では円錐図法と同様な長所がある．一方，高緯度になるほどひずみが増加する．また，緯線を水平線，経線を垂直線で描くことができることから，横方向・縦方向の拡大率を一致させることで等角性を維持することができる．こ

の方法で作成されたメルカトル図法の地図では，出発地と目的地との間に直線を引いて経線となす角度を測り，方位磁針を見ながらつねにその角度へ進むようにすれば，目的地に到着することができる．

円筒が子午線に接するように横方向から地球にかぶせて，地球の中心から地表表面を投影する方法では，子午線付近を精度よく投影することができる．

等角投影法は，19世紀前半にガウスによって理論が打ち立てられ，20世紀の初頭にクリューゲルによって修正されたガウス-クリューゲル投影法が広く用いられており，わが国の平面直角座標系もこの投影法によっている．

図1.9に示すように，基準回転楕円体に対して，平面座標系の原点を含む子午線に接する円筒を横向きにかぶせて，これに地表面を投影するものであり，世界地図などに広く使われている．

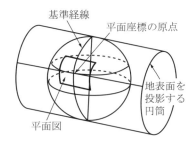

図 1.9 ガウス-クリューゲル投影法（横メルカトル投影法）

この投影法を採用したUTM（ユニバーサル横メルカトル）座標では，経度を6度ごとに分割して赤道を60分割の経度帯とし，その中央の経線が投影される円筒に接する方法を用いている．この経度帯は東に向かって順に番号が付けられており，日本は51〜55帯である．

1.3.4 平面直角座標系

地球の表面の2点間の距離S'は，球面である基準回転楕円体に沿った2点間の最短距離であるが，これを投影して平面直角座標系で表される距離Sは，球面の基準回転楕円体に沿ったS'とは異なる．そのために，この差の精度である$(S'-S)/S'$が許容しうる範囲内にあるときにのみ，一つの平面直角座標での位置の表示が許されることになる（図1.10参照）．

わが国で設定されている平面直角座標系は，この許容範囲を1/10,000としているので，$(S'-S)/S' = 1/10,000$となり，$S/S' = 0.9999$となる．図1.11のように，座標原点である中央子午線付近では，平面に投影された距離Sは回転楕円体上の距離に比べて1/10,000短く，原点より約90km離れた場所では両者は一致し，さらに進むにつれて平面上の距離は増していき，約130kmの地点で1/10,000長くなる．このこ

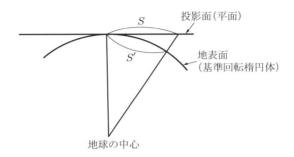

図 1.10　基準回転楕円体上の点の平面への投影

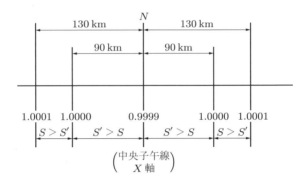

図 1.11　平面直角座標系の適用範囲

とから，平面直角座標系の適用範囲は原点より約 130 km 以内となる．わが国では行政区域の境界を考慮して，表 1.2 のように 19 系の平面直角座標系を決めている．すなわち，1/10,000 の誤差を無視できる測量では，野外で測定した距離をそのまま平面上の距離として計算することができる．

許容精度の範囲を 4/10,000 として，適用範囲を広くとった UTM 座標（Universal Transversal Mercator Projection）も国際的には用いられているが，この座標系は，1/25,000 以下の中縮尺地図の投影にのみ利用される．

1.3.5　北と方向角

北という方向は測地学的には正確な表現ではなく，表 1.3 に示すように 3 種類の北の定義がある．このうち，座北とは座標原点を含む子午線上，すなわち X 線軸上では真北と一致しているが，その地点が X 軸より離れるに従い，真北との差は広がる．磁北は磁針の指す方向であっても真北ではなく，偏りがある．これを偏角 D といい，北海道では西へ偏角 D（西偏という）約 $8°～9°$，鹿児島では西偏 D 約 $5.5°$ である．

国土交通省国土地理院では，2010 年式としてこの偏角 D の実験式を下記のように表している．

1.3 地球の形状と測量

表 1.2 平面直角座標系

昭和 43 年 10 月 11 日建設省告示第 3059 号
最終改正 平成 22 年 3 月 31 日国土交通省告示第 289 号

系番号	原点の経緯度	適用区域
I	$B = 33°\ 0'0''.0000$ $L = 129°30'0''.0000$	長崎県, 鹿児島県のうち北方北緯 32° 南方北緯 27° 西方東経 128°18' 東方東経 130° を境界線とする区域内 (奄美群島は東経 130°13' までを含む.) にあるすべての島, 小島, 環礁及び岩礁.
II	$B = 33°\ 0'0''.0000$ $L = 131°\ 0'0''.0000$	福岡県, 佐賀県, 熊本県, 大分県, 宮崎県, 鹿児島県 (第 I 系に規定する区域を除く.)
III	$B = 36°\ 0'0''.0000$ $L = 132°10'0''.0000$	山口県, 島根県, 広島県
IV	$B = 33°\ 0'0''.0000$ $L = 133°30'0''.0000$	香川県, 愛媛県, 徳島県, 高知県
V	$B = 36°\ 0'0''.0000$ $L = 134°20'0''.0000$	兵庫県, 鳥取県, 岡山県
VI	$B = 36°\ 0'0''.0000$ $L = 136°\ 0'0''.0000$	京都府, 大阪府, 福井県, 滋賀県, 三重県, 奈良県, 和歌山県
VII	$B = 36°\ 0'0''.0000$ $L = 137°10'0''.0000$	石川県, 富山県, 岐阜県, 愛知県
VIII	$B = 36°\ 0'0''.0000$ $L = 138°30'0''.0000$	新潟県, 長野県, 山梨県, 静岡県
IX	$B = 36°\ 0'0''.0000$ $L = 139°50'0''.0000$	東京都 (XIV 系, XVIII 系及び XIX 系に規定する区域を除く.), 福島県, 栃木県, 茨城県, 埼玉県, 千葉県, 群馬県, 神奈川県
X	$B = 40°\ 0'0''.0000$ $L = 140°50'0''.0000$	青森県, 秋田県, 山形県, 岩手県, 宮城県
XI	$B = 44°\ 0'0''.0000$ $L = 140°15'0''.0000$	小樽市, 函館市, 伊達市, 北斗市, 北海道後志総合振興局の所管区域, 北海道胆振総合振興局の所管区域のうち豊浦町, 壮瞥町及び洞爺湖町, 北海道渡島総合振興局の所管区域, 北海道檜山振興局の所管区域
XII	$B = 44°\ 0'0''.0000$ $L = 142°15'0''.0000$	北海道 (XI 系及び XIII 系に規定する区域を除く.)
XIII	$B = 44°\ 0'0''.0000$ $L = 144°15'0''.0000$	北見市, 帯広市, 釧路市, 網走市, 根室市, 北海道オホーツク総合振興局の所管区域のうち美幌町, 津別町, 斜里町, 清里町, 小清水町, 訓子府町, 置戸町, 佐呂間町及び大空町, 北海道十勝総合振興局の所管区域, 北海道釧路総合振興局の所管区域, 北海道根室振興局の所管区域
XIV	$B = 26°\ 0'0''.0000$ $L = 142°\ 0'0''.0000$	東京都のうち北緯 28° から南であり, かつ東経 140°30' から東であり東経 143° から西である区域
XV	$B = 26°\ 0'0''.0000$ $L = 127°30'0''.0000$	沖縄県のうち東経 126° から東であり, かつ東経 130° から西である区域
XVI	$B = 26°\ 0'0''.0000$ $L = 124°\ 0'0''.0000$	沖縄県のうち東経 126° から西である区域
XVII	$B = 26°\ 0'0''.0000$ $L = 131°\ 0'0''.0000$	沖縄県のうち東経 130° から東である区域
XVIII	$B = 20°\ 0'0''.0000$ $L = 136°\ 0'0''.0000$	東京都のうち北緯 28° から南であり, かつ東経 140°30' から西である区域
XIX	$B = 26°\ 0'0''.0000$ $L = 154°\ 0'0''.0000$	東京都のうち北緯 28° から南であり, かつ東経 143° から東である区域

http://www.gsi.go.jp/LAW/heimencho.html

表 1.3 3種類の北の定義

真北（true north）	その地点を通る子午線の北極方向
座北（grid north）	その地点を含む地域で適用されている平面直角座標の X 軸のなす方向
磁北（magnetic north）	その地点で磁針の示す方向

$$D = 7°40.585' + 19.003'\Delta\phi - 6.265'\Delta\lambda$$
$$+ 0.009'\Delta\phi^2 + 0.024'\Delta\phi \cdot \Delta\lambda - 0.591'\Delta\lambda^2 \quad (1.1)$$

ここに，$\Delta\phi = \phi - 37° N$（$\phi$ は度単位で表した緯度の数字，N は北緯を示す）

$\Delta\lambda = \lambda - 138° E$（$\lambda$ は度単位で表した経度の数字，E は東経を示す）

地形図を作成する目的で行う測量では，通常の場合に座北を用いるが，小地域の独立した測量においては，簡便を図って磁北を用いることがある．なお，真北は北極星を観測することによって求めることができる．

1.3.6 方位角と方向角

ある地点 P から他の地点 Q の方向を示すには，方位角と方向角がある．方位角とは，経緯度を基準に子午線の北である真北からの右回りに測った角度である．また，方向角は，ある基準の方向からなす角度を示す．平面直角座標系を用いる CAD などの図面では，X 軸を基準とした右回りの角度を方向角としている．ここで，真北（北極点）を基準とした子午線と座標平面の X 軸との差は真北方向角とよばれている（図 1.12）．方向角は真北以外の任意の方向 Q から任意の地点へ右回りに測った角であるが，起点を示さない場合は座北からの角を指す．

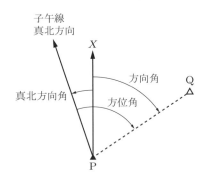

図 1.12 方位角と方向角

1.4 基準点

都市計画，交通網の整備，都市基盤整備などでは地図が欠かせない．そこで，必要となる位置を，公共測量や地籍測量などで確定する必要がある．この基準となるのが，

地球上の位置や海面からの高さが正確に測定された，電子基準点・三角点・水準点等である．

わが国では明治以降，経緯度原点と水準原点を定め，全国を，経緯度を示す三角点によるネットワークと，高さを示す水準点のネットワークの測地網により，日本測地系を維持してきた．その後，世界測地系に対応できるように，GNSS 衛星からの電波を連続的に受信する新しい基準点として，電子基準点によるネットワークが整備された．

1.4.1 経緯度原点

わが国では，各地点の位置および標高を示すために，統一した 19 系の座標系（前掲した表 1.2 参照）と水準原点が設けられている．わが国の国家基準点としての測量原点を表 1.4 に示す．

表 1.4 わが国の国家基準点

日本経緯度原点		地点：東京都港区麻布台 2 丁目 18 番 1 地内　日本経緯度原点金属標の十字の交点		経度：東経 139 度 44 分 28 秒 8869 緯度：北緯 35 度 39 分 29 秒 1572 原点方位角：32 度 20 分 46 秒 209（上記地点において真北を基準として右回りに測定した茨城県つくば市北郷 1 番地内つくば超長基線電波干渉計観測点金属標の十字の交点の方位角）					
三角点	密度	一等本点	一等補点	二等点		三等点	四等点	図根点
		1,600 km² に 1 点	800 km² に 1 点	三等以上を通じて 8 km² に 1 点			四等以上を通じて 2 km² に 1 点	必要地区に 1 km² に 1 点
	平均間隔 [km]	45	25	8		4	1.6	
多角点		二等多角本点		二等多角補点（方位標）			三等多角点	
	平均間隔 [km]	1		0.5			0.3〜0.35	

実務として局地的な測量を行うに際しては，測定対象区域において直接に関連づけ可能な基準点が多数存在することが必要である．わが国では，この基準点として，国土交通省国土地理院の基本測量によって，表 1.4 のように，三角点，多角点および水準点が全国に設置されている．この基本測量においては，設置される基準点の精度と密度により等級がつけられており，また，その測量方法も異なる．そして，これらの基準点は，現地に永久標識として設置されており，また，その位置や標高の数値は成果表として国土交通省国土地理院に保管されていて，必要に応じて閲覧することができる．

1.4.2 水準原点

わが国では，明治 6 年（1873 年）から 6 年半にわたって墨田川河口の霊岸島において行った潮位観測から得られた東京湾平均海面を標高 0 m として基準とし，表 1.5 に示すように，東京都内に日本水準原点を精密水準測量により設置している．すなわち，この水準原点の下方 24.3900 m にジオイド面があるとしている．

表 1.5 わが国の水準面

日本水準原点	東京都千代田区永田町 1-1 尾崎記念公園内　水準点標石 の水晶板の零分画線の中点		東京湾平均海面上 24.3900 m	
水準点	平均間隔 [km]	一等水準点	二等水準点	三等水準点
		2 (一般国道・主要地方道沿い)	1 (一般国道・主要地方道沿い)	1 (府県道等沿い)
特殊水準面の名称		適用河川名	東京湾平均海面に対する標高差 [m]	
Y.P. Yedogawa	Peil	利根川・江戸川	−0.8402	
A.P. Arakawa	Peil	荒川・中川・多摩川・東京	−1.1344	
O.P. Osaka	Peil	淀川・大阪港・神戸港	−1.3000	
A.P. Awa	Peil	吉野川	−0.8333	
K.P. Kitakami	Peil	北上川	−0.8745	
S.P. Siogama	Peil	鳴瀬川・塩釜港	−0.0873	
O.P. Omono	Peil	雄物川	±0.0000	
T.P. Takahashi	Peil	高梁川	±0.0000	
M.S.L.		木曽川・天竜川	±0.0000	

Peil とはオランダ語で，海抜，水平面の意味．

このほか，全国各地の河川測量などでは，その水系固有の河川基準面を利用することが便利であることから，表 1.5 に示す特殊水準面を設けている．

1.4.3 電子基準点

電子基準点（図 1.13）は，全国に約 20 km の間隔で，国土地理院によって約 1,300 点が設置されている．これらの電子基準点では，GNSS を連続して観測し，地殻変動と位置のデータが，常時接続回線等を通じて国土地理院に集められている．国土地理

図 1.13　電子基準点

院では，これらの観測データの解析処理を行い，電子基準点の位置の変動を毎日監視している．また，電子基準点のデータは，GNSS 測量のリアルタイムの基準点データとして開放されている．

1.4.4 日本経緯度原点と日本水準原点の改正

2011 年 3 月に発生した東日本大震災により，日本経緯度原点が真東に 276.7 mm 移動し，日本水準原点が 24 mm 沈下した．この結果，関東大震災以来，経緯度原点の移動ははじめてのことになる．また，国内の多くの三角点と水準点が移動した（図 1.14 と図 1.15 参照）ので，国土地理院では測量法第 31 条に基づいて，今回の地震にともなう従来の地殻変動地域の測量成果を修正した（測地成果 2011）．この方法は，5%程度の三角点の改測と電子基準点に基づき，座標補正パラメータおよび標高補正パラメータを作成し，これにより残りの三角点と水準点を修正するものであった．

基準点（電子基準点，三角点，水準点）により基準点網を構成することで，未知点の経度，緯度，高さを求めることができる．東日本大震災により，基準点測量を行って求められた「測地成果 2011」は，1 級 GNSS 測量機を用いたスタティック法による基準点測量によって 1 級基準点を確定するもので，これをもとに 2 級基準点を確定することになる．以下の基準点も同様である．

一方，プレート運動をともなう地殻変動が徐々に進むと，基準点の相対的な位置関係が少しずつ変化し，基準点網の歪みとして蓄積していくことになる．しかし，地殻

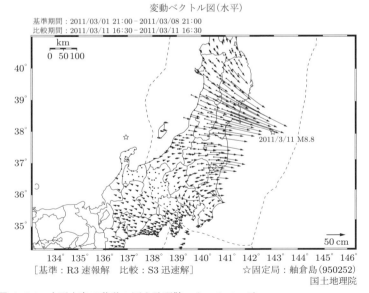

図 1.14 水平方向の移動：国土地理院　ホームページ
http://www.jishin.go.jp/main/chousa/11mar_sanriku-oki/p05.htm

18　第1章　総論

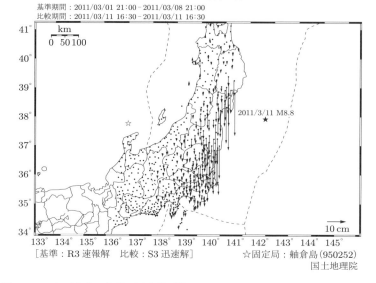

図 1.15　上下方向の移動：国土地理院　ホームページ
http://www.jishin.go.jp/main/chousa/11mar_sanriku-oki/p07.htm

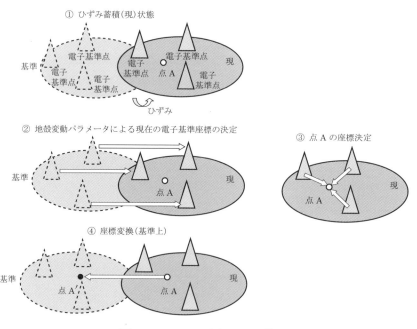

図 1.16　セミ・ダイナミック補正

変動の大きさや方向は地域により一様ではないため，地殻変動に連動して基準点の測量成果をつねに改定する必要性が生じる．セミ・ダイナミック補正は，これらの必要性に応じて開発されたもので，プレート運動にともなう定常的な地殻変動による基準点間の歪みの影響を求めるために，ある時期でひずみが蓄積した状態を基準点測量で得られた測量結果に基づいて補正して，「測地成果 2011」（基準）に対応させる方法である．図 1.16（セミ・ダイナミック補正）にその例を示す．ここで，①ひずみが蓄積し，位置が変化した状態（現）で点 A に着目．②国土地理院から提供される地殻変動パラメータにより「測地成果 2011」（基準）から各電子基準点に対する現在の座標を求める．③求められた電子基準点の座標から点 A の座標を求める．④この座標を変換して測地成果 2011（基準）上の点 A′ 座標を定める．という手順で示してある．

1.5 測量の種類

測量は，いろいろな観点から下記のように分類される．

1.5.1 内容による分類

Ⅰ）(狭義の) 測量 (surveying)：位置測定を主とする．

Ⅱ）調査（同じく surveying）：ものの状態や性質を観察したり解釈することに重点がおかれる．

1.5.2 対象区域の大きさによる分類

Ⅰ）測地学的測量（または大地測量）：地球表面を曲率をもった回転楕円体の一部として扱うものである．

Ⅱ）平面的測量：測量区域が狭く，地球の曲率を無視して平面とみなすものである．距離の相対誤差を 10^{-4} とすると，東西 110 km の範囲を平面とみなしてもよい．

1.5.3 法律による分類

測量法においては，測量業務とは，基本測量，公共測量およびこれらの成果を使用して実施する測量であって，①その実施の主体または費用負担の区分，②規模および精度，③実施の基準の 3 点から，下記の四つに分かれる．

Ⅰ）基本測量（法第 4 条）：国土地理院が行う測量で，すべての測量の基礎となるものをいう．一等～四等三角測量，一等～三等水準測量，電子国土基本図のための測量，編集，土地利用図の作成が含まれる．基本測量を実施するにあたって，国土地理院長，またはその命を受けた者，もしくは委任を受けた者は，必要あるときには，あらかじめその土地の占有者に通知して立ち入ることができる．そして，土地，建物，工作物を収用し，使用することができる．ただし，

これによって損失を生じたときには，その所有者に対して補償することになっている．

Ⅱ）**公共測量**（法第5条）：基本測量以外の測量で，建物のためなどの局地的測量や高度の精度を必要としない測量を除き，測量に要する費用の全部か一部を国や公共団体が負担するか補助して実施する測量をいい，基本測量または公共測量の測量成果に基づいて実施される．

Ⅲ）**基本測量および公共測量以外の測量**（法第6条）：基本測量・公共測量の測量成果を使用して実施する基本測量・公共測量以外の測量（建物のためなどの局地的測量や高度の精度を必要としない測量を除く）をいい，あらかじめ国土交通大臣に届け出ることになっている．

Ⅳ）**その他の測量**：Ⅰ），Ⅱ），Ⅲ）のいずれにも該当しない土地の測量をいう．

Ⅱ）の建物のためなどの局地的測量や高度の精度を必要としない測量とは，測量法施行令（付属資料参照，以下，「令」という）第1条に掲げられており，①建物に関する測量，②百万分の1未満の小縮尺図の調整，③横断面測量，④その他，が決められている．いずれも規模または精度の観点から，他の測量との間に互換性のあるようなものでなく，また，社会生活に及ぼす影響が比較的小さいことから，他の測量との重複の排除や，法律に定められた手続きにより正確さを確保する必要などのないものであり，測量法の適用は受けない．ただし，2種類以上の測量が一つの計画に基づいて行われている場合に，2種類以上の測量のうちの一つでもⅠ），Ⅱ），Ⅲ）のいずれかに該当するものがあるときには，その規模または精度にかかわらず，測量法の適用を受

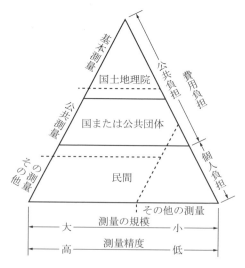

図 **1.17** 測量の実施の主体，規模および精度，実施の基準[1]

1.6 測量法

測量法は1949年に定められた法律で，国や公共団体が費用を負担または補助する測量が対象となる．これらの測量では正確性が要求され，また，測量が重複して実施されないように円滑に行われるように規定している．また，その実施の基準および実施に必要な権能を定めて責任の所在を明らかにしている．さらに，測量を行う者の登録，業務の規制等を定めている．その後，2001年に，測量の基準となる測地系が日本測地系から世界測地系に移行するための改正がなされた．2007年には，さらに改正によって，インターネットやディジタル化の普及により地図等の基本測量の測量成果のインターネットによる提供の実施などが可能となり，数値地図の利用拡大の道が開けた．

測量法の抜粋を巻末の付属資料に示す．また，測量法における公共測量業務の流れを図1.18に示す．

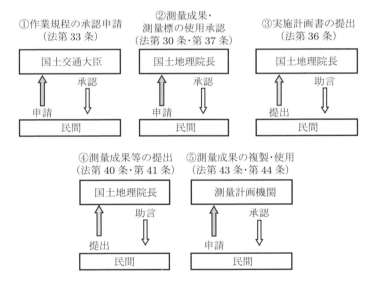

図 1.18　測量法による公共測量業務の流れ

1.7 公共測量

公共測量に該当する測量を図1.19に示す．

1.7.1 測量の基準の統一

測量では，重複を避けながら必要かつ十分な精度を確保し，測量にかかる経費を有

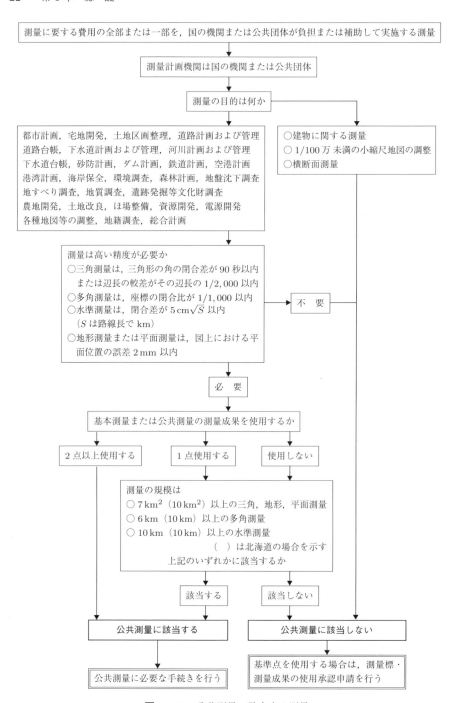

図 **1.19** 公共測量に該当する測量

効に活用できるように測量の基準の統一を図る必要がある．公共測量では，公共の利益を損なうことがないように法律でこのことが規定されている．測量法では，公共測量について，第 32 条で公共測量の基準，第 33 条で作業規程，第 35 条で公共測量の調整，第 36 条で計画書の助言について各条項で規定している．とくに第 33 条の作業規程に関し，作業規程の準則と国土交通省公共測量作業規程として，近年の技術の進歩に対応した改正がなされている．

1.7.2 作業規程

測量作業では，単に測量精度だけ規定しても，適切さを欠く観測器機の使用，観測方法，計算方法などによって作業が行われれば，その精度が低下するおそれがある．そこで，作業規程では，測量に適した観測器機の種類，観測方法および計算方法などが定められている．これにより，測量技術者の熟練度の差を補うことが可能となり，いっそうの精度向上が図られることとなる．

作業規程の準則は，測量法の成立から 1951 年に制定されたが，その後 2008 年まで改正されることがなかった．この間は，公共測量作業規程の改定により時代の要請に対応してきた．しかし，高性能のコンピュータの普及や世界的な人工衛星の打ち上げによって測量技術が大幅に発展し，その利用環境が整ってきた．そこで，これらの技術に適合させるべく，2008 年に準則の全部の改正が行われた．それ以降，GPS（米国）に加えて，GLONASS（ロシア）の利用の追加，GPS の補完として準天頂衛星システムの適用や，異なる機器メーカーの GNSS 測量機による GLONASS を利用した GNSS 観測を可能とするなど改正がなされている．

1.7.3 技術管理

公共測量として実施される測量は，高精度を必要とし，利用度（汎用性）も高いことから，その実施にあたっては技術管理が適正に実施されなければならない．その技術管理を下記に述べる．

Ⅰ）監　督：計画機関が，契約書，仕様書，作業規程，その他の関係図書に基づいて，照合，立会い，点検，確認などを行い，請負者に対して適切な指示を行う．

Ⅱ）検　査：計画機関が，測量成果，測量記録およびその他の資料を対象として，検定記録書，関係図書，監督記録などにより，観測値，出来ばえ，精度，数量などについての合否の判定を行う．

Ⅲ）精度管理：作業機関が行うもので，測量成果の精度および品質について，確認のための点検測量を行ったり，最終成果の総合的な点検などを行う．

Ⅳ）測量機器の検定：測量業務に使用する光波測距儀，鋼巻尺など距離測定の機器や，トランシット，レベル，GNSS 測量機，トータルステーションなどの測量機器について，その常数および機能について検定を受ける．

Ⅴ） **電算機プログラムの検定**：網平均計算プログラム，空中三角測量調整計算プログラムなどの検定を受ける．

Ⅵ） **成果品の検定**：測量成果に重大な瑕疵がないか，当初の所要目的を達成できたか否かを客観的に技術的再点検を行うとともに，当該成果の汎用性や長期耐用性などを確保するため，さまざまな角度から技術的点検を行って，品質の評価・判定が行われる．測量成果の検定については，国土交通省では（社）日本測量協会測量技術センターを唯一の検定機関としている．

1.8 測量士および測量士補

測量法では，基本測量および公共測量の精度を確保する観点から，測量士・測量士補の国家資格制度を設けており，技術者として基本測量または公共測量に従事する者は，国土交通省国土地理院に登録された測量士または測量士補でなければならない．測量士は測量に関する計画を作成し，または，実施するものであり，測量士補は測量士の作成した計画に従い測量を行うものである（図 1.20～1.22 参照）．

測量法に基づく測量士・測量士補の国家資格は国土交通省の所管であるが，測量士・測量士補の国家試験の受験資格には，学歴・年齢・性別の制限はない．試験は，測量士として専門的学識および応用能力を有するか，測量士補として専門的技術を有するかを判定するために行われる．試験は，三角測量，多角測量，水準測量，地形測量，写真測量，地図編集，応用測量の各科目について行われる．

測量士となる資格は，測量士試験に合格するか，①大学で測量に関する科目を修め，卒業して測量に関して1年以上の実務経験を有する者，②短期大学または高専で測量に関する科目を修め，卒業して測量に関して3年以上の実務経験を有する者，③国土

図 **1.20** 測量中の測量士（埼玉県戸田市幸魂大橋）

1.8 測量士および測量士補　25

図 1.21　GPS 測量（長野県上田市ローマン橋）

図 1.22　測量作業

交通大臣の指定する測量に関する専門の養成施設において，1年以上測量士補となるのに必要な専門の知識および技能を修得した者で，測量に関して2年以上の実務経験を有する者，④測量士補で，国土交通大臣の指定する測量に関する専門の養成施設において，国土交通大臣の指定する科目について高度の専門の知識および技能を修得した者，が対象となる．

　測量士補となる資格は，測量士補試験に合格するか，上記の①②③の実務経験がない場合には，認定により測量士補の資格が得られる．

　資格を有する者は，国土交通省国土地理院に対して，実務経験についてその証明書を付し，その資格を証する書類を添えて登録の申請をし，名簿は国土交通省国土地理院に備えられる．

　測量士は，測量するにあたって測量業務に関する計画を作成するとき，公共測量に関して，他の官公庁などで実施済みであるか否かについて十分に調査を行って，測量業務の重複を避けるようにしなければならない．これらは，国土交通省国土地理院が掌握しているので，国土交通省国土地理院の助言を求めることになる．

1.9 測量業者登録

　測量業を営もうとする者は，測量業者として申請し，登録を受けなければならない．測量業者として登録されるためには，営業所ごとに1人以上の測量士をおかなければならない．登録は国土交通省で行われ，有効期間は3年となっている．

　技術者として基本測量または公共測量に従事する者は，法第49条の規定に従い，登録された測量士または測量士補でなければならない．

　なお，測量業務は登録された測量業者に発注される．

＋＋ 演習問題 1 ＋＋

1.1 伊能中図とは何か．自分の近辺に関連するものがあれば調べよ．
1.2 測量技術の発達は日本の近代化に貢献した．柳ケ瀬鉄道トンネルのほかに数多くあるが，調べてみよ．
1.3 測量でいう北には，真北，座北，磁北の三つがあるが，これらの違いを述べよ．
1.4 わが国の国家基準点はどこにあるか調べて見学せよ．
1.5 東京の地形図と札幌の地形図とでは，異なった平面座標系が用いられているのはなぜか．
1.6 方位角と方向角の違いを述べよ．

第2章

測量のための数学

2.1 円周率（π）とアーチ理論

円周率（π）は，紀元前にエジプト人が発見している．紀元前2000年ごろにつくられたエジプトのピラミッドの一つに，ミケリヌス王のものがある．このピラミッドの奥深い玄室の天井は，いくつかの岩を組み合わせて湾曲したアーチ構造になっており，人類最古のアーチ天井とされている．

このように，エジプト，メソポタミア，ギリシアでは，合掌スラブ形式や持送り形式による擬似アーチが建築や橋梁に使われている．また，楔形煉瓦がつくられるようになり，紀元前2000年ごろのバビロンで，ユーフラテス川に幅9m延長200mの煉瓦製のアーチ橋がつくられ，紀元前1300年ごろには尖頭アーチの下水渠がつくられたという．

真のアーチの原理を発見し，これを組み立て，アーチの理論として体系づける糸口をみつけたのは，紀元前9世紀ごろに小アジア方面からイタリア西部のテベレ川からポー川にかけての地域（現在のローマ・フィレンツェ・ボローニアなどの周辺地域）に移住してきたエトルリア人といわれる．

かれらの興したエトルリアは紀元前6世紀に最盛期になり，強大な勢力を誇っていたが，そのときのローマはテベレ川に沿った小さな一都市国家であり，エトルリア人の王を3代にわたって戴いていた．そして，エトルリアはローマにとって追い付くべき目標であり，初期にはギリシア文明をエトルリア経由で取り入れ，アーチ理論を応用した土木技術や人物彫刻における肖像性の強調などの文化もエトルリアから伝承した．ところが，ローマが都市の骨格を整え，軍事大国の基礎となる軍政改革を行い，軍事的に強力になるにつれて，ローマとエトルリアとの力関係が逆転するようになった．

エトルリアというのは多数の都市国家のゆるやかな連合体であったため，軍事国家であるローマの侵攻を受け，紀元前4世紀から約100年の間に次々と滅ぼされて，ついにはローマに完全に併合吸収された．ローマ帝国がエトルリアを征服すると，ローマ人はアーチ技術を修得伝承し，さらに，実際的応用面での技術を確立した．紀元前600年ごろには，テブロネ川に世界で初の石造アーチ橋のサラリウス橋が架けられた．

一方，石造アーチ橋の技術がローマからペルシアへ渡り，そしてシルクロードを通って中国に伝わった．中国は良質な石材を産出することから，石造アーチ橋の技術が発達し，中国独特の架橋技術を構成するに至った．河北省の安済橋（スパン 50 m，図 2.1 参照）は 1200 年も経って現存する世界最古の橋梁で，現在も使われている．また東方見聞録では，マルコポーロが北京郊外に着いたときに，美しい石造アーチ橋の盧溝橋を見ている．

図 2.1 安済橋

アーチ計算法

ローマで発達した石造アーチ橋は，ポルトガルを通じて日本に伝わり，長崎を中心として長崎市内で 20 橋も架けられた．円周率などの基礎理論を学んだものと思われる（図 2.2 参照）．

長崎奉行所に勤めていた藤原林七（1756 年生）という武士がいた．彼はオランダ人から円周率を用いる円弧計算を学んだが，これ以上のことを知ることはできなかった．そこで，当時 22 歳の藤原林七は，武士を捨てて肥後（熊本県）の国の阿蘇山麓の種山村

図 2.2 長崎眼鏡橋

に移り，長崎に存在する石造アーチ橋をつくろうと研究を重ねたが，どうしてもアーチ勾配の計算方法がわからなかった．ところがある日，寺の普請をぼんやり眺めていて，ふと寺の屋根の勾配に目が止まった．棟から軒先までの見事なカーブは，石造アーチ橋の逆の曲線であることに気がついた．林七は大工に計算の方法を尋ねて「曲尺の裏目使い」でカーブを出せることを知った．そして，これをもとにして研究を重ね，長崎でポルトガルから修得した計算方法とは異なる，独自の日本式アーチ計算法を編み出すに至った．その後，石積法を独自で研究開発し，小さな石橋をつくり，これを実験橋として自らの橋梁技術をつかみとることで，純日本系の石造アーチ橋を生み出した．

2.2 弧度

角度の大きさを測るには，度分法と弧度法とが使われる．度分法では円の一周を $360°$（度）として用い，$1°$ の $1/60$ を $1'$（分）とし，その $1/60$ を $1''$（秒）とする．

弧度法とは，単位長さ（つまり 1）の円を考えて，その円周の長さでこれに対応する中心角を表す．単位はラジアンとよび，rad で表す．記号は θ を用い，円の一周は $2\pi\,[\text{rad}]$ で，これが $360°$ に相当する．

$$1\,\text{rad} = \frac{360°}{2\pi} = 57.2958° = 57°17'45'' \tag{2.1}$$

たとえば，凹凸を測る場合に，図 2.3 に示すように $10\,\text{m}$ の糸張りで中央 $5\,\text{m}$ のところでの測定で上下方向で $23\,\text{mm}$ の凹凸があるとすれば，この角度 θ は，

$$\theta = \frac{23}{5000} = 0.0046\,\text{rad} = 0°15'49'' \tag{2.2}$$

である．

図 **2.3** 弧度

2.3 三角関数

2.3.1 三角関数の必要性

測量によって三次元空間の位置を決定するが，この三次元表示の方法では直角座標軸 (X, Y, Z) がよく用いられる．この三次元表示を考えたときに，地球規模の大がかりな測量ではなく，構造物をつくるような規模の測量においては，この各軸方向のう

ち，重力方向から類推できる Z 方向は容易に直感で理解できるものの，X 軸と Y 軸は，磁石を使うなどの補助手段がなければ，定めることはむずかしい．

次に，三角形 ABC で，点 A を基準に B，C 各点の相対的な位置を決めたいときに直角座標軸を用いると，最初に X 軸，Y 軸，Z 軸を定めてから，それぞれの軸に対して，各座標である点 $A(0, 0, 0)$，点 $B(X_B, Y_B, Z_B)$，点 $C(X_C, Y_C, Z_C)$ を求めることとなる（図 2.4）．

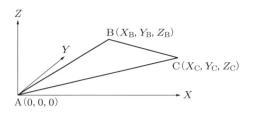

図 2.4 XYZ 座標図

また，よく使われている方法として，三角関数により，直接 AB と AC の各距離 L_{AB} と L_{AC} を測定し，また角度 $\angle BAC$（ϕ）の測量を行い，そして点 A，点 B，点 C の高さ h_A, h_B, h_C を測るものがある（図 2.5）．これにより，相対的な三角形 ABC の位置関係は容易に定められる．

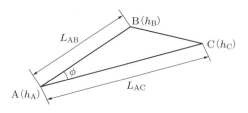

図 2.5 三角形の位置関係

2.3.2 三角関数の定義

位置関係を定めるのに必要な測量としては，高さを測るレベル測量と距離測量，角測量がある．これらの測量データは，全部の角度や辺を測量しなくても，一部のデータから残りの値を計算できる．

たとえば，直角三角形 ABC で辺長 b, c と角 α を測定したとき，辺長 a と角度 β は，

$$a = \sqrt{b^2 + c^2} \tag{2.3}$$

$$\beta = 90° - \alpha \tag{2.4}$$

となる．

次に，図 2.6 で，h_A（点 A の高さ）$< h_B$（点 B の高さ）とすると，点 A からは点 B

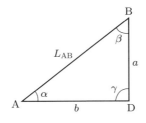

図 2.6 三角公式の図

を見上げる方向となる．そこで点 A を通る水平線と点 B からの垂線の交点 D の直角三角形 ABD を考える．この各辺長を a, b, L_{AB}，角度を $\alpha, \beta, \gamma\,(= 90°)$ とする．この α を仰角とよぶ（図 2.6 参照）．

ここで，$a = h_B - h_A$ であるので，三角公式によれば，仰角 α は次式から求められる．

$$\sin\alpha = \frac{a}{L_{AB}} \tag{2.5}$$

より

$$\alpha = \sin^{-1}\left(\frac{a}{L_{AB}}\right) \tag{2.6}$$

この場合は，ラジアンで示されるので，度で表すには $360/2\pi = 57°17'45''$ をかける必要がある．ここに，その他の三角関数の定義を示す．

$$\tan\alpha = \frac{a}{b} \tag{2.7}$$

$$\operatorname{cosec}\alpha = \frac{1}{\sin\alpha} = \frac{L_{AB}}{a} \tag{2.8}$$

$$\sec\alpha = \frac{1}{\cos\alpha} = \frac{L_{AB}}{b} \tag{2.9}$$

$$\cot\alpha = \frac{1}{\tan\alpha} = \frac{b}{a} \tag{2.10}$$

2.3.3 正弦定理の活用

図 2.7 のような三角形 ABC を測量するとき，辺 AC と辺 BC の途中に川などの障害物があって測定ができない場合がある．そこで，距離 AB と角 α, β を測定することで正弦定理を活用して辺 AC と辺 BC の長さを定めることができる．

ここで，正弦定理とは

$$\frac{a}{\sin\alpha} = \frac{b}{\sin\beta} = \frac{c}{\sin\gamma} \tag{2.11}$$

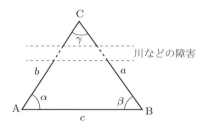

図 2.7 正弦定理の活用

であって，

$$\gamma = 180° - (\alpha + \beta) \tag{2.12}$$

より γ が求められることから，$c/\sin\gamma$ は既知となる．

よって，

$$a = \sin\alpha \frac{c}{\sin\gamma} \tag{2.13}$$

によって，a が求められる．

同様に b の値も，

$$b = \sin\beta \frac{c}{\sin\gamma} \tag{2.14}$$

から定められる．

2.3.4 余弦定理の活用

最近では，光波測量の発達によって距離の測定精度が飛躍的に上がり，三辺の距離を測量することで角度を計算する方法（三辺測量）が多く用いられるようになってきた．図 2.8 の場合に，余弦定理を用いて次のように各角度を求められる．

$$\cos\alpha = \frac{b^2 + c^2 - a^2}{2bc}$$

他の角度 β, γ も同様に辺の長さを代入することで算出することができる．

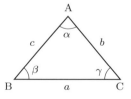

図 2.8 余弦定理の活用

2.3.5 その他の三角関数の公式

その他の三角関数を以下に示す．

I) 負角

$$\sin(-\alpha) = -\sin\alpha$$
$$\cos(-\alpha) = +\cos\alpha$$
$$\tan(-\alpha) = -\tan\alpha$$

II) 余角

$$\sin(90° - \alpha) = \cos\alpha$$
$$\cos(90° - \alpha) = \sin\alpha$$
$$\tan(90° - \alpha) = \cot\alpha$$

III) 補角

$$\sin(180° - \alpha) = \sin\alpha$$
$$\cos(180° - \alpha) = -\cos\alpha$$
$$\tan(180° - \alpha) = -\tan\alpha$$

IV) 倍角

$$\sin 2\alpha = 2\sin\alpha\cos\alpha$$
$$\cos 2\alpha = \cos^2\alpha - \sin^2\alpha = 1 - 2\sin^2\alpha$$
$$\tan 2\alpha = \frac{2\tan\alpha}{1 - \tan^2\alpha}$$

V) 半角

$$\sin\frac{\alpha}{2} = \pm\sqrt{\frac{1-\cos\alpha}{2}}, \quad \cos\frac{\alpha}{2} = \pm\sqrt{\frac{1+\cos\alpha}{2}}, \quad \tan\frac{\alpha}{2} = \frac{\sin\alpha}{1+\cos\alpha}$$

2.4 誤差論

2.4.1 誤差と測定値の扱い方

測量では，目的に応じて必要な精度を確保する．このために，測量器械の整備を十分にする必要がある．測量で発生する誤差を分類すると，以下のようになる．

- I）**過失誤差**：観測者の不注意や熟練度の不足で起こる大きな誤りが過失誤差である．これには，読みとりの間違いや記入ミスなどがある．これを取り除く方法には，再度読み直しやほかの人が同じ測量をする二重チェックなどがある．
- II）**系統誤差（定誤差）**：一定の法則によって生じる誤差が系統誤差（定誤差）である．これには，温度変化によって生じる目盛の狂いなどがある．これを取り除くには，誤差を補正する方法を求めて修正する．
- III）**偶然誤差**：測定の条件が偶然かつ一時的に変わり，予測できない誤差が入り込むことがある．これを取り除くことは不可能であるので，誤差の範囲を推定することで対処する．誤差論ではおもにこの誤差を取り扱う．

2.4.2 母分散と不偏分散

測量においては，偶然誤差が入り込むので，無限の回数で測定してその結果から値を

決定するのが理想的である．実際には，ガウスの誤差曲線を用いることで偶然誤差を理論的に処理できる．次式で示すガウスの誤差曲線は，図 2.9 のようになる．この左右対称の軸にあたる中心の値を真値とよび，測定結果と真値との差を誤差とよぶ．この式で $h = 0.2$ と $h = 0.1$ とを比較すると，$h = 0.2$ の方が凸型でより真値に近い値が多く分布している．このことから，h はばらつきの程度を示している．そこで，ばらつきの程度を示すために標準偏差を用いる．

$$y = \frac{h}{\sqrt{\pi}} e^{-h^2 \Delta^2} \quad (\Delta: 誤差) \tag{2.15}$$

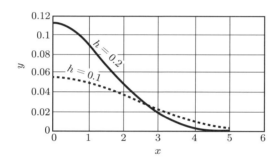

図 **2.9** ガウスの誤差曲線

実際の測量では，有限の測定数であるので真値を求めることは不可能と考えられる．しかし，統計的な手法を用いて，ある程度確かな範囲で真値に近い値（最確値とよぶ）を推定することができる．この値を用いて，ガウスの誤差曲線により標準偏差を推定することができる．ここで，各測定結果と最確値との差を残差とよぶ．

測量において，無限数の測定結果の集合を母集合とする．母分散 (S) を構成する各データ ($x_i : i = 1, \cdots, n$) と真値 (x_0) を用いて次式で定義する．

$$S = \frac{1}{n} \left\{ (x_1 - x_0)^2 + (x_2 - x_0)^2 + \cdots + (x_n - x_0)^2 \right\} \tag{2.16}$$

ここで，標準偏差 (σ) は次式で導かれる．

$$\sigma = \sqrt{S} \tag{2.17}$$

実際の測量では，できるだけ理論的な値が得られるように，偏ったデータを使用することは避けなければならない．偏っていない（不偏）とみなされるデータであれば，母分散の推定も可能となる．次式は，不偏とみなされるデータ ($x_i : i = 0, \cdots, n$) による最確値 (μ) に対する分散 (F：不偏分散) を求めるものである．

$$F = \frac{1}{f}\left\{(x_1-\mu)^2+(x_2-\mu)^2+\cdots+(x_n-\mu)^2\right\} \quad (2.18)$$

ここで，f は測定結果の調整ができるケースの数として自由度を表し，$f=$ (測定回数) + (条件数) − (未知変数の数) となる．たとえば，三角形の内角をそれぞれ 3 回測定した場合は，測定回数 9 回，内角の和が 180 度であるので条件数は 1，未知数は内角のそれぞれの角度のため 3 であるので $f=7$ となる．

不偏とみなされるデータの標準偏差は次式で示される．

$$\sigma_f = \sqrt{F} \quad (2.19)$$

ここで，$\sigma=\sigma_f$ とみなすことができることから，母集合の標準偏差 σ の推定が可能となる．

2.4.3 誤差伝播の法則

誤差伝播の法則とは，数種類の測量の結果 ($x_i : i=1,\cdots,n$) を利用して新たな量 (W) のばらつき (σ_y) を求める場合に適用される．誤差伝播の法則により，新たな量のばらつき (σ_y) は測量によって生じたばらつき ($\sigma_i : i=1,\cdots,n$) を用いて式 (2.21) から推定する．三辺を繰り返し測定して立方体の体積を求める場合，各辺の最確値とばらつきから，この式により体積のばらつきを推定するなどがこれにあたる．

測量では最大三次元であるので，ここでは，独立した三つの測定量，x,y,z を用いて，ある量 W を求める場合を式 (2.20) に示す．

$$W = f(x,y,z) \quad (2.20)$$

測定の標準偏差 $\sigma_x, \sigma_y, \sigma_z$ があり，全体の標準偏差を σ とする．

$$\sigma_y{}^2 = \left(\frac{\partial W}{\partial x_1}\right)^2 \sigma_1{}^2 + \cdots + \left(\frac{\partial W}{\partial x_n}\right)^2 \sigma_n{}^2 \quad (2.21)$$

以上は，最確値と等精度の標準誤差である．このほかに，異精度の誤差がある．異精度とは，各標準偏差のオーダーが異なるものをいう．

各標準偏差のオーダーが異なる異精度の場合に，各データ，$x_1, x_2, x_3, \cdots, x_n$ について，精度の重み付けを行い，これらを $p_1, p_2, p_3, \cdots, p_n$ とする．加重平均の標準偏差 (σ) は誤差伝播の法則から式 (2.22) が導かれる．

$$\sigma^2 = \frac{p_1\sigma_1{}^2 + p_2\sigma_2{}^2 + p_3\sigma_3{}^2 + \cdots + p_n\sigma_n{}^2}{p_1+p_2+p_3+\cdots+p_n} \quad (2.22)$$

例を次に示す．

例題 2.1　面積の誤差

長方形の縦 (a) と横 (b) を測量したときの，面積 (S) の誤差の標準偏差を求める．ここで式 (2.20) の W を S として

$$S = x \times y = f(x, y)$$
$$a = x \pm \sigma_x, \quad b = y \pm \sigma_y$$

また，$a = 60.000\,\text{m} \pm 0.020\,\text{m}$，$b = 20.000\,\text{m} \pm 0.025\,\text{m}$ とすると，

$$\frac{\partial f}{\partial x} = y = 20, \quad \sigma_x = 0.020, \quad \frac{\partial f}{\partial y} = x = 60, \quad \sigma_y = 0.025$$

となる．

よって，面積 (S) の誤差の標準偏差 (σ) は，式 (2.21) より求めることができる．

$$\sigma^2 = (20 \times \sigma_x)^2 + (60 \times \sigma_y)^2 = 2.41$$
$$\sigma = 1.55$$

以上から，求める面積 (S) の標準偏差 (σ) は $1.55\,\text{m}^2$ となる．

例題 2.2　角度を用いた距離計算の誤差

図 2.10 のような直角三角形 ABC で，距離 AB ($= r$) と角度 θ を測量して，距離 BC ($= L$) を求めたときの誤差の標準偏差を求める．$L = r \times \sin\theta = f(r, \theta)$ とし，

$$r = x \pm \sigma_x$$
$$\theta = y \pm \sigma_y \text{ とし，}$$
$$r = 12.00\,\text{m} \pm 0.10\,\text{m}, \quad \theta = 30°20' \pm 30'$$

とする．

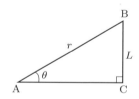

図 **2.10**　角度を用いた距離計算の図

$$\frac{\partial f}{\partial x} = \sin(30°20') = 0.5050, \quad \sigma_x = 0.10$$
$$\frac{\partial f}{\partial y} = r \times \cos\theta = 12.00 \times \cos(30°20') = 10.36$$
$$\sigma_y = \frac{0.5° \times \pi}{180°} = 0.0087\,\text{rad}$$

よって，距離 BC の誤差の標準偏差（σ）は式 (2.21) により求めることができる．

$$\sigma^2 = (0.5050 \times \sigma_x)^2 + (10.36 \times \sigma_y)^2 = 0.01067, \quad \sigma = 0.103$$

以上から，求める距離 BC の標準偏差（σ）は 0.10 m である．

例題 2.3　異精度の誤差

点 AB 間の距離を測定して次のようになったとき，平均と誤差の標準偏差 σ を求める．

$$L_1 = 427.32 \,\text{m} \pm 0.02 \,\text{m}, \quad L_2 = 427.30 \,\text{m} \pm 0.22 \,\text{m}$$

まず，誤差の重み付け (p_1, p_2) を以下のように行う．

$$p_1 : p_2 = 1/0.02^2 : 1/0.22^2 = 121 : 1$$

平均 μ は

$$\mu = \frac{427.32 \times 121 + 427.30 \times 1}{121 + 1} = 427.32 \,\text{m}$$

L_1, L_2 の測定の標準偏差 σ_1, σ_2 は次式となる．

$$\sigma_1 = 427.32 - 427.32 = 0, \quad \sigma_2 = 427.32 - 427.30 = 0.02$$

式 (2.22) より，平均の標準偏差は次式となる．

$$\sigma^2 = \frac{121 \times 0^2 + 1 \times 0.02^2}{(121 + 1) \times (2 - 1)} = \frac{0.0004}{122 \times 1} = 3.28 \times 10^{-6}$$

よって，$\sigma = 0.002 \,\text{m}$ となる．

2.5　最小自乗法

測定や観測によって得られたいくつかの値から最確値を推定するのに，誤差の二乗の和を最小にするという原則に従って推定する方法を，最小自乗法（最小二乗法とも書く）という．なお，最小自乗法は，18 世紀から 19 世紀にかけて，ヨーロッパで行われた陸地測量に利用されるようになった．

誤差関数の項で述べたように，ある測定を同じ精度で行っても，偶然誤差によってすべてが同じ値とはならない．そのばらつきは，式 (2.17) の誤差関数で示すことができる．ここで，真値 L，観測値 l_i，誤差 x_i とする．

$$x_i = L - l_i \tag{2.23}$$

誤差 x_i が起こる確率 p_i は式 (2.24) となる．

$$p_i = \frac{h}{\sqrt{\pi}} e^{-h x_i^2} \tag{2.24}$$

したがって，$x_1, x_2, x_3, \cdots, x_n$ が同時に起こる確率 P は，

$$P = p_1 p_2 p_3 \cdots p_n$$

から，式 (2.25) となる．

$$P = \left(\frac{h}{\sqrt{\pi}}\right)^n e^{-h(x_1^2 + x_2^2 + x_3^2 + \cdots + x_n^2)} \tag{2.25}$$

P が最大となることは，起こる確率が最も高いことを意味し，それは $(x_1^2 + x_2^2 + x_3^2 + \cdots + x_n^2)$ が最小となることである．しかし，誤差 x_i は知りえないので残差 v_i を用いる．最確値 l_0，観測値 l_i とすると，

$$v_i = l_0 - l_i$$

が成り立つ．ここで，

$$[vv] = v_1^2 + v_2^2 + v_3^2 + \cdots + v_n^2 \tag{2.26}$$

とする．誤差 x_i と残差 v_i は同じ性質なので $[vv]$ を最小にする条件で最確値 l_0 を求めることができる．

例題 2.4　最小自乗法を用いて平均勾配を求める．

表 2.1 は高さと距離の関係を求めたものである．

表 2.1　高さと距離の関係を求める例

高さ h	5.01	10.12	16.19	20.13	24.33	30.58	36.67	40.08	45.14	50.08	56.92
距離 x	0	10.53	21.07	31.12	40.18	49.98	60.09	70.43	79.89	90.34	100.87

平均勾配を a とし，はじめの高さを b とする．距離 x_i のときの高さを y_i，測定値を h_i とし，その差を v_i とする．

$$v_i = y_i - h_i = (a x_i + b) - h_i \tag{2.27}$$

式 (2.26), (2.27) より，

$$\begin{aligned}[vv] &= v_1^2 + v_2^2 + v_3^2 + \cdots + v_n^2 \\ &= \{(a x_1 + b) - h_1\}^2 + \{(a x_2 + b) - h_2\}^2 \\ &\quad + \{(a x_3 + b) - h_3\}^2 + \cdots + \{(a x_n + b) - h_n\}^2 \end{aligned} \tag{2.28}$$

a, b の最確値は，次式を満足する必要がある．

$$\frac{\partial [vv]}{\partial a} = 0, \quad \frac{\partial [vv]}{\partial b} = 0 \tag{2.29}$$

この結果，

$$a = \frac{n[xh] - [x][h]}{n[xx] - [x]^2} \tag{2.30}$$

$$b = \frac{[xx][h] - [x][xh]}{n[xx] - [x]^2} \tag{2.31}$$

ここで，

$$[xh] = x_1 h_1 + x_2 h_2 + x_3 h_3 + \cdots + x_n h_n$$

$$[x] = x_1 + x_2 + x_3 + \cdots + x_n$$

の関係を示す．$[xx]$，$[h]$ も同様である．

以上により表 2.1 では，

$$n = 11, \quad [xh] = 22478.42, \quad [x] = 554.5,$$

$$[h] = 335.25, \quad [xx] = 38925.39$$

より，a, b が求められ，$a = 0.508$，$b = 4.85$ となる．

2.6 等精度と異精度

2.6.1 重み係数

誤差伝播の法則により，式 (2.21) の両辺を分散係数 σ^2 で割ると次式が得られる．

$$\frac{\sigma_y^2}{\sigma^2} = \left(\frac{\partial W}{\partial x_1}\right)^2 \frac{\sigma_1^2}{\sigma^2} + \cdots + \left(\frac{\partial W}{\partial x_n}\right)^2 \frac{\sigma_n^2}{\sigma^2} \tag{2.32}$$

ここで，この式から次式を導くことができる．

$$\frac{1}{p_i} = \frac{\sigma_i^2}{\sigma^2} \tag{2.33}$$

この式から，ばらつきの標準偏差 σ_i が小さいほど p_i が大きくなる．よって，p_i は精度の高さを示し，重み係数となる．精度が高くなる要因としては次の関係がある．

①測定回数に正比例する．②測定距離に反比例する．③測定精度の二乗の逆数に比例する．

ここで，p_i が変化しない場合を等精度，変わる場合を異精度とよぶ．

2.6.2 等精度

某大学でのレベル測量実習の結果を，表 2.2 に示す．学生が各班に分かれて測定したものであり，ほぼ等精度とみなす．この平均は，その和を班数で割って mm まで求める．

次に，度数分布を求めるには，階級にデータを区切って，そのなかに入る数を表にする．ここでは，2 cm ごとに四捨五入して階級値を定めている．この度数分布の結果を，図 2.11 のヒストグラム（度数分布図）に示す．

表 2.2 レベル測量実習の結果

班　名	1	2	3	4	5	6	7	8	
測定値 [m]	24.101	24.089	24.078	24.003	24.082	24.101	24.137	24.07	
	9	10	11	12	13	14	15	16	平　均
	24.08	24.052	24.072	24.087	24.061	24.073	24.108	24.049	24.077

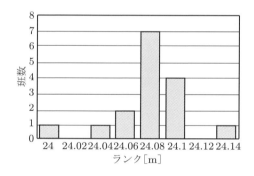

図 2.11 レベル測量実習の測量値のヒストグラム（度数分布図）

度数分布が求められると，その平均は，各階級値に度数をかけ，その和から算出する．この平均を相加平均（または算術平均）法とよぶ．実際に表 2.3 の度数分布を求めると，以下のようになる．

平均値 M

$$= \frac{24.00 \times 1 + 24.02 \times 0 + 24.04 \times 1 + 24.06 \times 2 + 24.08 \times 7 + 24.10 \times 4 + 24.12 \times 0 + 24.14 \times 1}{1+0+1+2+7+4+0+1}$$

$= 24.078$ \hfill (2.34)

表 2.3 レベル測量実習の測定値の度数分布

階級値 [m]	24	24.02	24.04	24.06	24.08	24.1	24.12	24.14
度　数	1	0	1	2	7	4	0	1

以上のように，度数分布に書き換えても，平均値はかなりの精度で原データの平均値と同じような値を得ることがわかる．この場合，平均値は最確値と読みかえることができる．

2.6.3 異精度

異精度とは，測定回数や測定結果のばらつきの大小，測定距離の差などの測定条件の違いがある場合で，各測定データの精度が異なることをいう．この平均値（最確値）を求めるときは，各データの重み付けをして精度の高いデータの重みを増し，精度の低いデータは重みを軽くするようにして平均する．この平均法を重価平均法とよぶ．

ここで，平均値を M とし，この値を求める式を示す．各データを，$x_1, x_2, x_3, x_4, \cdots, x_n$ とし，重みをそれぞれ，$p_1, p_2, p_3, p_4, \cdots, p_n$ とする．

$$M = \frac{x_1 \times p_1 + x_2 \times p_2 + x_3 \times p_3 + \cdots + x_n \times p_n}{p_1 + p_2 + p_3 + \cdots p_n} \tag{2.35}$$

以下にその例を示す．

例題 2.5 測定回数による重み付け

AB 間の距離を 10 回測定して，下記の結果が得られた．

測定値 [m]	20.15	20.40	20.50	20.65
回　数	2	3	1	4

この平均値（最確値）を求めると，回数を重みとして，次式となる．

$x_1 = 20.15, \quad p_1 = 2, \quad x_2 = 20.40, \quad p_2 = 3,$
$x_3 = 20.50, \quad p_3 = 1, \quad x_4 = 20.65, \quad p_4 = 4,$

よって，平均値（最確値） M は式 (2.35) を使って求められる．

$$M = \frac{20.15 \times 2 + 20.40 \times 3 + 20.50 \times 1 + 20.65 \times 4}{2 + 3 + 1 + 4}$$
$$= 20.46$$

平均値（最確値）は，20.46 m となる．

例題 2.6 精度による重み付け

AB 間の距離を測定するのに，次の二つのデータが得られた．

$20.5 \,\mathrm{m} \pm 0.8 \,\mathrm{m}, \quad 21.0 \,\mathrm{m} \pm 0.2 \,\mathrm{m}$

この平均値（最確値）を求めるのに，精度を誤差の逆数とみなして，二つのデータの誤差の逆数の比を重みとすると，次式のようになる．

$$\frac{1}{0.8^2} : \frac{1}{0.2^2} = 1 : 4^2 = 1 : 16$$

$x_1 = 20.5,\ p_1 = 1,\ x_2 = 21.0,\ p_2 = 16$ とする．

よって，平均値（最確値）M は式 (2.35) を使って求められる．

$$M = \frac{20.5 \times 1 + 21.0 \times 16}{1 + 16} = 21.0$$

平均値（最確値）は，21.0 m となる．

例題 2.7　距離による重み付け

AB 間の高低差（比高という）を求めるのに，図 2.12 に示す三つのルートで測量した．結果を以下に示す．その平均値（最確値）を求めるために，ルートの距離が長くなれば精度が落ちると考え，精度をルートの距離の逆数とみなして，二つのルートの距離のデータの逆数の比を重みとする．

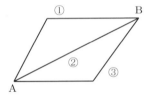

図 2.12　距離による重み付け

ルート番号①の比高の測定値 10.00 m ······ ルートの距離 250 m
ルート番号②の比高の測定値 11.50 m ······ ルートの距離 200 m
ルート番号③の比高の測定値 12.00 m ······ ルートの距離 300 m

$$\frac{1}{250} : \frac{1}{200} : \frac{1}{300} = 12 : 15 : 10$$

$x_1 = 10.00,\ p_1 = 12,\ x_2 = 11.50,\ p_2 = 15,\ x_3 = 12.00,\ p_3 = 10$，とする．
よって，平均値（最確値）M は式 (2.35) を使って求める．

$$M = \frac{10.00 \times 12 + 11.50 \times 15 + 12.00 \times 10}{12 + 15 + 10} = 11.15$$

平均値（最確値) は 11.15 m となる．

＋＋ 演習問題2 ＋＋

2.1 円周率とアーチ理論を用いた土木構造物について調べよ．
2.2 $\sin 45°$ で $1''$ 違うと精度はどの程度異なるか．また $1'$ と $1°$ での精度の違いはどうか．
2.3 θ が既知であり，$\Delta\theta$ が十分小さいとき，$\cos(\theta + \Delta\theta)$ を求めよ．
2.4 三角形 ABC で角 A$= 35°11'20''$，角 B$= 55°29'40''$，角 C$= 89°19'00''$，$a = 58.117$ m

のとき，正弦定理を用いて距離 b, c を求めよ．

2.5 ある角度を同一条件で測定した結果が，以下のようになった．最確値と標準偏差を求めよ．

$$77°27'11'', \quad 77°27'25'', \quad 77°27'38'', \quad 77°27'49'', \quad 77°27'15''$$

2.6 2点 AB 間の距離を測定したとき，結果は以下のようになった．カッコ内はその測定回数を示す．この距離の最確値と標準偏差を求めよ．

$$100.210\,\mathrm{m}(11), \quad 100.215\,\mathrm{m}(5), \quad 100.195\,\mathrm{m}(4)$$

2.7 長方形 ABCD の2辺 AB と BC を測定して，以下のような結果を得た．長方形の面積と標準偏差を求めよ．

$$\mathrm{AB} = 250.511\,\mathrm{m} \pm 0.025\,\mathrm{m}, \quad \mathrm{BC} = 132.215\,\mathrm{m} \pm 0.038\,\mathrm{m}$$

第3章

距離，角，高さの測量

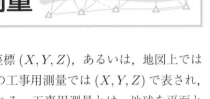

空間における位置を表すには，三次元空間の座標 (X, Y, Z)，あるいは，地図上では緯度 (λ)，経度 (ϕ) を求める必要がある．通常の工事用測量では (X, Y, Z) で表され，測地学的測量（大地測量）では (λ, ϕ) で表現される．工事用測量とは，地球を平面として扱う狭い範囲の測量であって，測地学的測量とは地球表面を曲面として扱う測量をいう．ここでは，通常の工事測量に利用するための，距離測量，角測量，高さの測量についての基本事項を述べる．

3.1 距離測量

3.1.1 尺度

1790年に，フランスの外務大臣が国会で度量衡の国際的統一を呼びかけた．これがメートル法の最初の公式呼びかけで，メートル (m) は，パリを通る子午線の地球1象限の弧長を1万 km（地球1周4万 km）として，その1千万分の1を新しい長さの基準としたものである．その基準となる弧長を決定するために，1792年から1798年にかけて，フランスのダンケルクとスペインのバルセロナ間 900 km の測量が実施された．これにより，フランス政府はメートル法を1799年に採用し，端末尺形式の原器を作成した．その後，1799年の旧原器をもとにして30本の原器をつくって No. 6 を新原器とし，残りを参加国に配布した．わが国は，明治18年（1885年）にメートル法条約に正式加入し，翌年勅令が公布された．わが国には No. 22 が送られて，現在，(独) 産業技術総合研究所計量標準総合センターに保管されている．1 m は "曲尺" で3尺3寸3分であったが，その後に3尺3寸に改正された．

現在，公式には，距離についてはメートルが単位として使用される．表 3.1 にメートルを基準とした単位の種類を示す．また，表 3.2 には，平方メートルを基準とした面積の単位を示す．

3.1.2 距離測量の定義

測量でいう2点間の距離とは，一般に水平距離のことをいい，斜面に沿っての距離は斜距離という．また，厳密には図 3.1 に示すように，基準楕円体面に射影した水平

表 3.1 長さの単位

名　称	略字	大きさ
マイクロメートル（ミクロン）	μm	10^{-6}
ミリメートル	mm	10^{-3}
センチメートル	cm	10^{-2}
デシメートル	dm	10^{-1}
メートル	m	1
デカメートル	dam	10^{1}
ヘクトメートル	hm	10^{2}
キロメートル	km	10^{3}
メガメートル	Mm	10^{6}

表 3.2 面積の単位

名　称	略字	平方メートル
平方メートル	m^2	1
アール	a	10^{2}
ヘクタール	ha	10^{4}
平方キロメートル	km^2	10^{6}

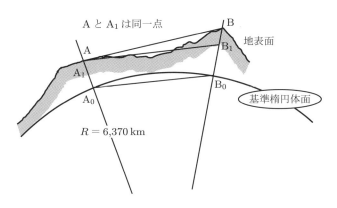

図 3.1 距離

距離 A_0B_0 を示すが，工事用測量では地表面で A_1B_1 を利用している．どの距離を採用するかは国土交通省測量作業規程（または作業規程の準則）によって決定する．

3.1.3 距離測量の分類と器具

（1）直接距離測量

歩幅，巻尺，光波測距儀などにより，直接 2 点間の距離を測定する方法である．これらの選択は，要求される測量の精度により使い分ける．

Ⅰ）歩　測

現場の踏査や誤測の確認など，大まかな距離を求めるときに用いられる．事前に，歩幅を一定にして所定の距離（たとえば 50 m など）の歩数を求め，平均の歩幅を確認しておく．精度は 10 m で 10 cm の誤差程度である．

Ⅱ）巻　尺

① エスロンテープ：軽くて取扱いやすいが，伸び縮みがあるので精度の高い距離測量には用いない．一般に，平板測量に使用されることが多い．精度は 10 m につき

1 cm の誤差程度である．

② **鋼巻尺**：光波測距儀が普及するまでは，幅広く利用されていた．幅 10 mm ほどの薄い鋼帯に mm 単位の目盛がついている．トラバース測量など，精度の高い距離測量に用いるときは，温度，張力，高低差に対する補正が必要である．温度 15°C で 98 N の力で引張った値を標準とする．線膨張係数は 11.7×10^{-6}/°C である．

③ **インバール尺**：鋼とニッケルの合金でつくられていて，線膨張係数が 9×10^{-7} である．これは，鋼巻尺の約 1/10 であることから，温度による伸び縮みは非常に小さい．また，張力に対する影響の少ないことから，非常に精度の高い距離測量に用いられる．

Ⅲ）光波測距儀

① **測定原理**：光そのものは秒速 3 億 m であり，光が測定点間を移動する時間を精度よく測定するには，大がかりな装置が必要となって測量には不向きである．

光波とは点滅する電磁波のことで，測距儀に使用されている光波は 10^7 回/s 程度で点滅するものである．このような光波は，高周波変調光とよばれる．距離の測定は，地点 A にこの装置本体をセットし，本体から発せられた光波が地点 B にセットしたプリズムに反射し装置本体に戻るまでの往復時間を測定し（図 3.2 参照），これに波長を掛け合わせることで得られる．

図 3.2 光波測距儀の測定原理

② **求め方**：波長の異なる二つの高周波変調光を用いる．図 3.3 に示すように，点灯と滅灯の時間を一定にして，この波長（λ）を光波そのものの波長よりはるかに長い波にする．波数をカウント（n）した場合に，本体から発した光波が再度本体にもどってきたときに，図 3.4 に示すように端数（d）を用いて次式で AB 間の距離を推定する．

$$L = n\lambda + d \tag{3.1}$$

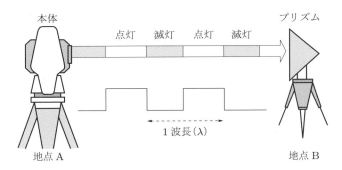

図 3.3 光の波の発生

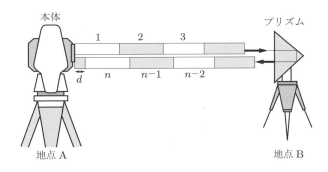

図 3.4 距離の算定

③ **分解能**：測定する場合に，光の波の点滅による波長が長ければ周波数が少なくなり検出が容易であるが，分解能の低下により精度が下がる．一方，精度を向上するためには，光の波の点滅による波長を短くすると周波数が大きくなり分解能が向上するが，測定容量に限界がある．そこで，次に示す例のように，（Ⅰ）と（Ⅱ）の波長の異なる2波を用い，それぞれの長所を生かす方法が採用されている．

（例）（Ⅰ）波長が大　150 kHz　測定距離　12.2 km
　　　（Ⅱ）波長が小　15 MHz　測定距離　3.012 km

以上から，（Ⅰ）＋（Ⅱ）＝ 12.2 ＋ 3.012 により測定結果は 15.212 km となる．

このように，光の波を用いると，距離によらず数 mm の精度で測定が可能となる．測定距離を L [km] とすると，光波測距儀の精度は $5 + 5L$ [mm] 程度である．これから，100 m 程度の測定距離では，距離が 2 倍になっても 6 mm 程度の精度で，距離が精度にあまり影響を与えていないことになる．

この補正では，距離の長短に関係しない装置固有の補正と，大気の屈折率の不規則な変化などの測定距離に比例する補正がある．このうち，装置固有の補正には，測距儀の中心と光波発射位置のずれを補正する器械定数と，反射鏡中心とプリズムの位置

のずれを補正する反射鏡定数がある．また，測定距離に比例する補正には，大気の屈折率が気象（気圧，気温，湿度）によって変化し，光波の速度に影響を与えることからこれを補正する．ここで，大気の屈折率は気圧が高くなると大きくなり，気温や温度が上がると屈折率は小さくなる．

(2) 間接距離測量（スタジア測量）

レベルやセオドライトには，視準しようとすると十字横線の上下に2本の平行線（スタジア）を確認することができる（図 3.5）．これを利用することで，標高のわかっている地点（A）から任意の地点（B）の水平距離（S）を，標尺の読み（l）から求めることができる（図 3.6）．ここで，F：外焦点，i：スタジア線間隔，c：器械の中心から対物レンズまでの距離，f：対物レンズの焦点距離，を示す．

図より $R = lf/i$ である．また，$K = f/i$，$C = c + f$ とすると，$S = Kl + C$ となる．この K と C はスタジア定数とよばれ，器械の特性値である．よって，一般的には $K = 100$，$C = 0$ であることから，標尺で上下のスタジア線にはさまれた長さ l を測定するだけで AB 間の距離（S）を求めることができる．

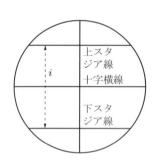

図 3.5　上下のスタジア線

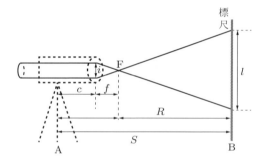

図 3.6　スタジア測量の原理

3.1.4　巻尺の公差と特性値

(1) 公　差

距離測量に用いられる巻尺は，計量法か JIS によって誤差を検定されたものが市販されている．この誤差の限界を公差とよんでいる．JIS の一級のほうが計量法によるものより厳しいので，ここでは JIS 一級による公差を表 3.3 に示す．

(2) 特性値（定数）

鋼巻尺は，長い間使用していると伸びたままになってしまうので，検定した標準尺と比較して補正する必要がある．この補正値を特性値という．この特性値は，一定の温度，張力の状態で，比較基線場の基線と比較して補正される．比較基線場がない場合には，国土地理院に依頼すればよい．補正は 50.000 m + 2.5 mm のように表示される．この

表 3.3 鋼巻尺と布巻尺の公差

種別	表す量	JIS 一級
鋼巻尺	1 m 以下	±0.3 mm
	5 m 以上	1 m を越えるときは，±0.3 mm に 1 m を増すごとに 0.1 mm を加える．
	たとえば 30 m のとき 50 m のとき	±3.2 mm ±5.2 mm
布，エスロン尺	50 cm 以下 1 m 以下 1 m 以上	±2.5 mm ±4.0 mm ±4.0 mm に 1 m を増すごとに 1.5 mm を加える．
	たとえば 30 m 50 m	±47.5 mm ±77.5 mm

意味は，この鋼巻尺では，50.000 m の刻みの位置は，実際には 50.000 m + 2.5 mm だということになる．したがって，この鋼巻尺を使用して，たとえば 460.298 m を得た場合に，実際には特性値で補正して，460.298 + (460.298/50.000) × 0.0025 = 460.321 m となる．

3.1.5 距離の補正

測定した尺の正しい長さ L_s は，次式によって補正する．

$$L_\mathrm{s} = L'_\mathrm{s} + C_\mathrm{t} + C_\mathrm{h} + C_\mathrm{p} + C_\mathrm{c} + C_\mathrm{s}$$

ここに，L'_s：(前端の尺の読み) − (後端の尺の読み)
 C_t：温度補正…………(1)項参照． C_h：傾斜補正…………(2)項参照．
 C_p：張力補正…………(3)項参照． C_c：特性値による補正…(4)項参照．
 C_s：たるみ補正…………(5)項参照．
各補正量は次のようにして求めることができる．

(1) 温度補正

鋼尺は，標準温度 15°C で正しい値を示すように検定されている．したがって，検定時の温度 15°C とは異なる温度で測定したときには，温度補正をしなければならない．

$$C_\mathrm{t} = \varepsilon L(T - T_0) \tag{3.2}$$

ここに，ε：尺の線膨張係数，11.7×10^{-6}/°C を用いる．
 T：測定時の温度，T_0：検定時の温度（15°C），L：温度 T で測定したときの長さ．

ここで，温度が 15°C 以上のとき，鋼尺の長さが伸びて目盛の間隔が広がるため，読みは 15°C のときよりも小さくなる．よって，温度補正値 C_t は加えることになる．

（2）傾斜補正

2点間に傾斜がある場合は斜距離を測定し，水平距離に直すための補正値を求める必要がある．斜距離を L，水平距離を L_0，高低差を h とすると，

$$\begin{aligned} h^2 &= (L^2 - L_0^2) \\ &= (L - L_0)(L + L_0) = C_\mathrm{h}(L + L_0) \end{aligned} \tag{3.3}$$

したがって，

$$C_\mathrm{h} = \frac{h^2}{L + L_0} \tag{3.4}$$

傾斜が小さいとした場合には，$L \fallingdotseq L_0$ であるから $C_\mathrm{h} = h^2/2L$ となる．ここで，高低差 h が大きくなるにつれて斜距離 L は増加する．よって，傾斜補正 C_h は斜距離 L より減じる．

（3）張力補正

鋼尺は，検定時の張力 98 N で正しい長さを示す．それ以外の張力で測定したときには，巻尺の伸縮により誤差を生じるので張力補正を行う必要がある．

$$\frac{P - P_0}{A} = \frac{E(L - L_0)}{L} \tag{3.5}$$

ここに，P：測定時の張力，P_0：検定時の張力，A：尺の断面積，E：尺のヤング率（スチール：20.6×10^4 MPa，ステンレス：19.3×10^4 MPa）．

この式は，応力 = ひずみ × ヤング率 を表したものである．$C_\mathrm{p} = (L - L_0)$ を式 (3.5) に代入して，

$$C_\mathrm{p} = \frac{(P - P_0)L}{AE} \tag{3.6}$$

で求めることができる．張力をかけるにはばね秤を利用するのが一般的である．ここで，張力が 9.8 N より大きな値だったとき，巻尺の読みは正しい長さよりも小さな値となる．よって張力補正 C_p を読みに加えて補正する．

（4）特性値による補正

特性値は，検定された鋼尺には示されているので，それを使用すればよい．尺の長さを S とし，特性値を $\pm \delta$ とし，測定距離が L とすると，次式となる．

$$C_\mathrm{c} = \frac{L \delta}{S} \tag{3.7}$$

（5）たるみ補正

両端を固定して鋼尺を使用すると，尺の重さでたるむ．この補正をたるみ補正という．

$$C_\mathrm{s} = \frac{W^2 L^3}{24P^2} - \frac{W^4 L}{640 P^4} \tag{3.8}$$

ここに，W：尺の単位長さの重量，L：支点間の距離，P：測定時の張力．これは，懸垂曲線（カテナリー曲線）を利用したものである．一般には，たるみ補正を実施することは少ない．

3.2 角測量

3.2.1 概　要

　角測量とは，望遠鏡を備えた器械により角度を測定することをいう．角度を測定する測角用器械には，アメリカで発達したトランシットとヨーロッパで開発されたセオドライトがある．わが国では，測角用器械としてトランシットとセオドライトのいずれの用語も使用しているが，分度盤により角度を求めるものをトランシットとし，ディジタル表示によるものをセオドライトと区別することがある．また，測量法では両方を総称してセオドライトと定めている．加えて，基本測量に使用する測量機器では，セオドライトに対して性能基準が定められている．

（1）水平角

　図 3.7 に示すように，水平面上にある点 A，点 O，点 B からなる∠AOB を水平角（θ）とよぶ．セオドライトなどで水平角を測定するときは，点 O の鉛直線と器械の回転軸を一致させて器械をセットする（整準とよぶ）．この段階で，器械の水平角を測定する面は水平を確保する．次に，器械（点 P）から点 A を視準し，その後に器械を回転させて点 B を視準して，回転した角度∠AOB を求める．

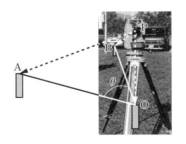

図 3.7　水平角

（2）鉛直角，高度角

　間接的に高さを測定するときは，測角用器械による鉛直方向からの角度（図 3.8 参照）と距離から三角関数を用いて求めることができる．この図で器械を O とすると，

図 3.8 鉛直角，高度角

∠DOZ は鉛直角とよばれる．一方，水平軸 OX を基準にして，∠XOD は高度角（垂直角）という．高度角については，水平軸より上側を仰角とよび符号は（＋）で示し，下側を俯角とよんで符号は（－）で示す．

3.2.2 測角用器械の精度

水平角の測定精度に影響を与えるおもな因子は，角度を測定する目盛盤の精度と水平角を測定する面の水平を確保するために使用される水準器の精度である．同様に，鉛直角の測定においても測定精度に影響されるのは，角度を測定する目盛盤の精度と鉛直角を測定する面の鉛直を確保するために使用される水準器の精度である．基本測量で要求される精度によって，使用されるセオドライトの性能が表 3.4 のように分類されている．

表 3.4 基本測量で要求されるセオドライトの性能

級別	最小目盛		水平気泡管公称感度[秒/目盛]	高度気泡管公称感度[秒/目盛]
	水平 [秒]	鉛直 [秒]		
特	0.2 以下	0.2 以下	10 以下	10 以下
1	1.0 以下	1.0 以下	20 以下	20 以下
2	10 以下	10 以下	30 以下	30 以下
3	20 以下	20 以下	40 以下	40 以下

ここで，最小読み取り値を θ 秒とすると，100 m 先での誤差 s は図 3.9 のようになる．

$$\begin{aligned} s &= L \times \theta \,[\text{rad}] \\ &= 100\,\text{m} \times \theta \,[\text{rad}] \\ &= 100 \times (\pi \times \theta''/180 \times 60 \times 60'') \end{aligned} \quad (3.9)$$

で表すことができる．

ここに，$\theta = 20''$ とすると，100 m 先で，$s = 9.7$ mm となる．

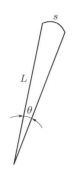
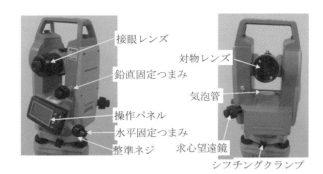

図 3.9 最小読み取り値 　　**図 3.10** セオドライトのおもな部品の名称

3.2.3 セオドライトの構造

　基本的な内部の構造は，セオドライトもトランシットも同じである．おもなものとして，望遠鏡，目盛盤，正準装置，水準器などがある．図 3.10 には，セオドライトの操作で必要なおもな部品の名称を示している．ここで，視準軸とは，対物レンズと接眼レンズのそれぞれの中心を結ぶ線をいう．

　望遠鏡は，対物レンズ，接眼レンズおよび十字線からなる．これにより，杭などの視準する対象物を見出し，十字線に合わせることで視準方向を精度よく導くことができる．図 3.11 は望遠鏡をのぞいたときの視界を示し，そこで見られる十字線を表している．また，十字横線の上下にある 2 本の線は，スタジアヘアとよばれスタジア測量に用いる．

　セオドライトで水平角を測定するため，地上の角の中心上の鉛直線と器械の回転軸を一致させて器械をセットして整準が完了した段階では，水平目盛盤と鉛直軸 (V) は垂直であり，鉛直目盛盤と水平軸 (H) は鉛直となる．正しく整備されたセオドライトではこれらの交点と視準軸 (C) は一点で交差する．以上の 3 軸はセオドライトの主要 3 軸とよばれている（図 3.12 参照）．

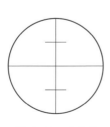
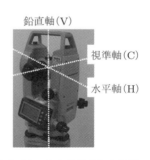

図 3.11 十字線　　**図 3.12** セオドライトの主要 3 軸

3.2.4 セオドライトの操作方法
(1) 水平と求心
図 3.13 で，セオドライトの回転中心を点 O の鉛直上とし，目盛盤を水平にする手順には，大きく 2 段階ある．つまり，器械を水平に据える整準と，回転中心を点 O の鉛直上とする求心のそれぞれの段階であるが，これらは相互に関連している．

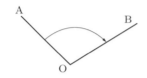

図 3.13 操作の手順

求心では，回転中心にあるフックに下げ振りをセットし，点 O 付近にセオドライト本体を近づける．その後下げ振りを外して，求心望遠鏡で点 O の位置を確認しておく．次に，気泡管で水平を確認しながら整準ネジで水平を確保する．水平が確保された段階で，シフチングクランプを緩め，求心望遠鏡をのぞきながら点 O の位置に回転中心が定まるように本体上部を移動する．点 O の位置に回転中心が定まった段階で，シフチングクランプを締める．これにより，水平と求心が確保される．

(2) 測 角
図 3.13 で，∠AOB を求める場合の標準的な測定方法は，次のとおりである．
① O にセットされたセオドライトで A を視準して固定した後に，角度を 0° とする．図 3.14 では，水平 (H) が 0° にセットされた状態（0° セット）を示している．
② 次に，水平方向に回転して B を視準して固定した後に角度を読む．図 3.15 は測角の結果で，水平 (H) が 119°26′55″ を示している．

図 3.14 0° セット（OA 方向）　　**図 3.15** 測角（OB 方向）

3.2.5 トランシットの構造
基本的な構造は，セオドライトと同様である．トランシットの基本運動を次に説明する（図 3.16 参照）．
 Ⅰ）上　盤：水平角バーニア盤より上の部分で，鉛直軸を中心に回転する．
 Ⅱ）下　盤：水平目盛盤より下の部分で，鉛直軸を中心に回転する．

図 3.16 トランシットの外観

以上から，上盤（バーニア）と下盤（水平目盛盤）は鉛直軸に固定していなければ，互いに自由に回転することができるようになっており，上部締め付けねじ，上部微動ねじ，下部締め付けねじ，下部微動ねじを組み合わせて使うことで，角度が測定できるようになっている．

トランシットの操作とは，上部締め付けねじ，上部微動ねじ，下部締め付けねじ，下部微動ねじの役割を知ることであるといっても過言ではない．図 3.17 の上部，下部締め付けねじが，上盤，下盤のどの位置まで突き刺さっているかを知ることで，トランシットの運動が理解できる．

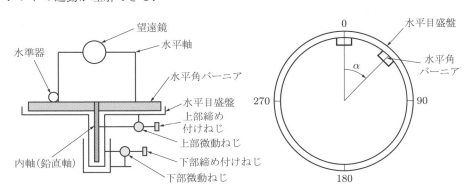

図 3.17 トランシットの構造と目盛盤

3.2.6 トランシットの基本操作

図 3.18 に示すように，点 T にトランシットを据え付け，点 A と点 B との角度 α を測定するための操作を下記に述べる．

① 上部締め付けねじを締め，視準線を点 A に向ける．次に，下部締め付けねじも締め，下部微動ねじで正確に視準線を点 A に合わせる．

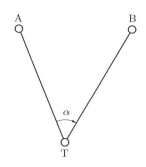

図 3.18　角度の測定

② バーニアを読み取る．このときに 0 に合わせるのではなく，0 付近に合わせる．また，バーニアは二つあるのでそれらの読みの平均をとる．

③ 上部締め付けねじだけ緩めて，視準線を点 B に向ける．上部締め付けねじを締め，上部微動ねじによって正確に視準線を点 B に合わせる．

④ 視準線を点 B に合わせたときに，バーニアの読みを読み取る．二つのバーニアの読みを平均する．②と④との読みの差が，求める角度となる．

表 3.5 に，締め付けねじと微動ねじの関係を示す．微動ねじは締め付けねじを締めた状態でないとはたらかない．

表 3.5　締め付けねじと微動ねじの関係

	上部締め付けねじ	上部微動ねじ	下部締め付けねじ	下部微動ねじ
1	緩める	作用しない	締める	上下盤同時に微動
2	締める	上盤を微動させる	締める	上下盤同時に微動
3	締める	上盤を微動させる	緩める	作用しない
4	緩める	作用しない	緩める	上盤，下盤それぞれ自由に回転

3.2.7　気泡管

トランシットを水平に整置するために，トランシットには円形気泡管と管形気泡管が取り付けてある．気泡管は，内面が円弧をなすように精密に磨いたガラス管でできており，アルコール 6，エーテル 4 の混合液と気泡を注入したものである．

Ⅰ）**円形気泡管**：円形気泡管は，円形ガラス板の裏側を球面に磨いて気泡を入れたもので，傾斜の方向をみるのに使用される．

Ⅱ）**管形気泡管**：管形気泡管は，管状のガラス管を円形に磨いたものであり，一方向の傾斜をみるのに使用される．円形気泡管に比べて，精度は高い．

Ⅲ）**気泡管の感度**：感度とは，気泡管に刻まれた 1 目盛を移動するのに必要な傾きである．図 3.19 より，$na = R\theta$ の関係があり，感度は $\theta/n = a/R$ で与えられる．a は通常 2 mm に刻まれていて，感度を上げるためには，気泡管の円弧

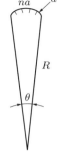

図 3.19 気泡管の感度　　　　図 3.20 単測法

の半径 R を大きくすればよい．感度を $20''$ とするならば，半径 R は約 $20\,\mathrm{m}$ となる．

3.2.8 水平角の観測方法

水平角の観測方法には，単測法，倍角法，方向法がある．いずれも定誤差を消去し，測角の精度を上げるための方法である．

(1) 単測法

図 3.20 において ∠ATB を求める場合に，点 A を視準し 0° セットした後に，水平方向に本体を回転して点 B を視準する．この回転を固定して角度を測定する（望遠鏡に関し正位とよび，R で示される）．次に，望遠鏡を 180° 回転すると，手前が対物レンズとなる．固定ネジを解放して，水平方向に 180° 回転させて接眼レンズを手前とする（望遠鏡に関し反位とよび，L で示される）．この状態で，点 B を視準し角度を求める．次に，本体を水平方向に回転して点 A を視準し，回転を固定して角度を測定する．この角度は，望遠鏡の視準軸が正しければ，0° セットした値に 180° 加えた値となる．この例を表 3.6 に示す．

(2) 倍角法

図 3.21 のように，∠ATB を求める場合，繰り返し数倍の角度（通常 2～3 倍角）を

表 3.6 単測法による野帳の付け方　R：正位，L：反位

測　点	視準点	望遠鏡	観測角	角　度	備　考
T	A	R	0°10′30″		
	B		45°30′30″	45°20′00″	45°20′20″
	B	L	225°29′10″	45°20′40″	
	A		180° 8′30″		

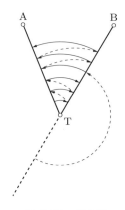

図 3.21 倍角法

測定し,繰り返した回数で割って∠ATBを求める方法である.

図 3.21 において,∠ATB を求める場合に,望遠鏡を正位にして点 A を視準し,0 セットした後に水平方向に本体を回転して点 B を視準する.この回転を固定して,角度を固定する.次に,固定した角度のまま本体を回転する.点 A を視準して回転を固定する.次に,本体を回転して点 B を視準し回転を固定する.これで∠ATB を 2 回測定したことになるので,得られる測定値は 2 倍角となる.同様に望遠鏡を反転して 2 倍角を求める.3 倍角では 3 回同じ角度を測定する.この例を表 3.7 に示す.

表 3.7 倍角法(3 倍角)による野帳の付け方 R:正位,L:反位

測 点	視準点	望遠鏡	倍 数	観測角	角 度	備 考
T	A	R		0°22′30″		
	B		3	169°49′30″	56°29′00″	56°29′00″
	B	L		349°42′30″	56°29′00″	
	A		3	180°15′30″		

(3) 方向法

この方法は,視準軸の正しさに加え,測定の精度を確認するために用いられる.図 3.22 に示す∠ATB と∠BTC を連続して求める.その際,0°セットを基準とみなして 0°,60°,120°付近から始めて正位と反位を比較するもので,3 対回とよばれる.2 対回ならば 0°と 90°とする.

方向法の野帳(3 対回)の付け方を表 3.8 に示す.表中において,

  Ⅰ) 倍 角:同じ目標の,1 対回に対する正位と反位の読みの秒数和.
  Ⅱ) 較 差:同じ目標の,1 対回に対する正位と反位の読みの秒数差.
  Ⅲ) 倍角差:各対回測定の,同一視準点に対する倍角の最大と最小の差.

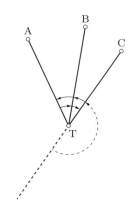

図 3.22　方向法

表 3.8　方向法による野帳の付け方　R：正位，L：反位

輪郭	測点	視準点	望遠鏡	観測角	結果	倍角	較差	倍角差	観測差
0	T	A	R	0°　2′30″	0°　0′00″				
		B		52°12′30″	52°10′00″	110″	10″	20″	60″
		C		145°29′20″	145°26′50″	120″	−20″	60″	40″
		C	L	325°29′40″	145°27′10″				
		B		232°12′20″	52°　9′50″				
		A		180°　2′30″	0°　0′00″				
60	T	A	R	60°　3′20″	0°　0′00″				
		B		112°13′20″	52°10′00″	110″	10″		
		C		205°30′20″	145°27′00″	100″	20″		
		C	L	25°30′10″	145°26′40″				
		B		292°13′20″	52°　9′50″				
		A		240°　3′30″	0°　0′00″				
120	T	A	R	120°　1′30″	0°　0′00″				
		B		172°10′50″	52°　9′20″	90″	−50″		
		C		265°28′50″	145°27′20″	160″	0″		
		C	L	85°28′50″	145°27′20″				
		B		352°11′40″	52°10′10″				
		A		300°　1′30″	0°　0′00″				

Ⅳ）**観測差**：各対回測定の，同一視準点に対する較差の最大と最小の差.

を意味している．

なお，倍角，較差を求めるときは分単位にそろえておく必要がある．たとえば，

$$145°26'50''\quad 145°26'50''$$
$$145°27'10''\quad 145°26'70''$$

として，倍角 $= 120''$，較差 $= -20''$ となる．なお，倍角差，観測差は測角の精度を表すものとなる．

3.3 高さの測量（水準測量）

高さの測量を水準測量という．基本測量と公共測量では，高さの基準面は東京湾平均海面が用いられている．

3.3.1 水準測量の分類

水準測量は，その方法，目的によって次のように分類される．

Ⅰ）**測量の方法による分類**：図 3.23 に示すように，直接水準測量と間接水準測量がある．直接水準測量は，レベル，標尺を用いて，後視と前視（後掲の図 3.27 参照）を視準して，高低差を測定するものであり，間接水準測量は角度，距離などによって高低差を求めるものである．

Ⅱ）**目的による分類**：高低差水準測量，断面水準測量，縦断水準測量などがある．

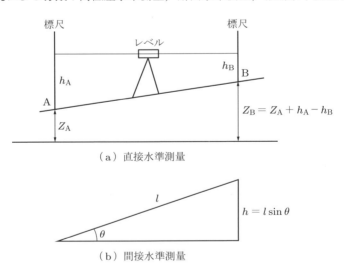

図 **3.23** 直接水準測量と間接水準測量

Ⅲ）基本測量における分類：国土地理院の一等，二等，三等，その他．
Ⅳ）公共測量における分類：1 級，2 級，3 級，その他．

いずれにしても，水準測量の精度とその適用範囲は，国土交通省測量作業規定で決められているので，それを表 3.9 に示す．

表 3.9 公共測量の水準測量の精度

区　分	1 級水準測量	2 級水準測量	3 級水準測量	4 級水準測量	簡易水準測量
往復差の較差	$2.5\,\mathrm{mm}\sqrt{S}$	$5\,\mathrm{mm}\sqrt{S}$	$10\,\mathrm{mm}\sqrt{S}$	$20\,\mathrm{mm}\sqrt{S}$	—
環閉合差	$2\,\mathrm{mm}\sqrt{S}$	$5\,\mathrm{mm}\sqrt{S}$	$10\,\mathrm{mm}\sqrt{S}$	$20\,\mathrm{mm}\sqrt{S}$	$40\,\mathrm{mm}\sqrt{S}$
検　測	$2.5\,\mathrm{mm}\sqrt{S}$	$5\,\mathrm{mm}\sqrt{S}$			
既知点から既知点までの閉合差	$15\,\mathrm{mm}\sqrt{S}$	$15\,\mathrm{mm}\sqrt{S}$	$15\,\mathrm{mm}\sqrt{S}$	$25\,\mathrm{mm}\sqrt{S}$	$50\,\mathrm{mm}\sqrt{S}$

S：観測距離（片道，単位：km）

3.3.2 水準原点

基本測量，公共測量では，高さの基準面には東京湾平均海面が用いられている．実際には，1.4.2 項で前述したように，この面と関係付けられた水準原点（東京都千代田区永田町尾崎記念公園内）+ 24.3900 m が利用されており，国家水準点はすべてこの水準原点を元にした高さである．工事用測量の河川工事や港湾工事においては，東京湾平均海面を使用するのは不都合なので，表 1.5 で前掲した特殊基準面を用いている．

3.3.3 水準測量に使用する器械器具

水準測量に使用する水準器をレベルといい，図 3.24 に示す．

直接水準測量は，後視と前視を視準して高低差を求めるので，水平面内で自由に回転し，かつ，視準軸の傾きを補正できるとたいへん作業がしやすくなる．この目的にかなうためにつくられたレベルが微動レベルと自動レベルである．これに対して，自由回転せず，視準軸の補正もできないが，より高精度の水準測量を目的としてつくられたのが，Y レベル，ダンピーレベル，可逆レベルである．

図 3.24 レベルの外観

図 3.25 円形気泡管

(1) 自動レベル

自動レベルは，ある程度レベルを水平にすると円形気泡管の気泡が一定の円の内側となり（図 3.26），自動的に視準線が水平になるようになっている．原理は図 3.26 に示すように，糸によってつられた鏡は望遠鏡の傾きにかかわらず，つねに鉛直方向を指すようにつくられている．かつ，CとMの間にプリズムを設置して接眼レンズへ導くように工夫されたレベルであって，能率的である．

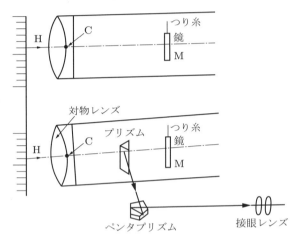

図 **3.26** 自動レベルの原理

(2) 標尺（スタッフ）

標尺とは縦の物差しであり，木製，アルミ製の箱形の筒で，持ち運びが便利なように中身が3段に引き出して使えるようになっている．最小目盛は5mmで，それ未満は目測で読む．地面に対して鉛直に立っているかどうかを調べるために，気泡管がついている．使用するときには下記に注意する必要がある．

① 標尺を鉛直に立てること．とくに，標尺の前後方向の傾きは，レベルを覗いている観測者はわからないので注意する．
② 高低差があって，標尺の中身を引き出して使用するときには，完全に引き出しているかどうかに注意する．
③ 測定中に標尺が沈んだりしないように，地盤の固い所を選ぶ．

3.3.4 直接水準測量

A，Bの2点間の高低差を求めるには，図 3.27(a) のようにすればよい．また，図 3.27(b) のような方法を連続して行えば，遠く離れた2点間の高低差も求めることができる．

$$高低差 = \sum(後視の読み) - \sum(前視の読み)$$

3.3 高さの測量（水準測量） 63

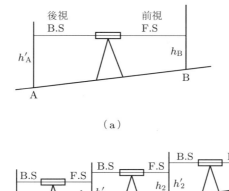

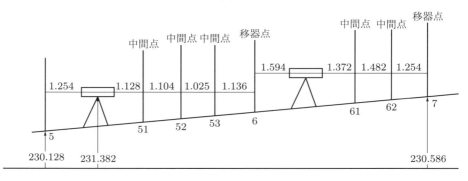

図 3.27 直接水準測量

図 3.27(b) は，おもに点 A，B の高さを知りたい場合であり，図 3.27(c) は，点 A，B 以外に多くの中間点の高さを知りたい場合に用いる方法である．図 3.27(b)，(c) は，それぞれの観測方法によって野帳の記入の仕方が異なっている．図 3.27(b) の場合を昇降式野帳といい，図 3.27(c) の場合を器高式野帳という．

3.3.5 野帳の記入方法
（1）昇降式野帳

表 3.10 に昇降式野帳の記入例を示す．図 3.27(b) のように，水準測量を実施した結果得られる野帳の記載例である．地盤高は，後視から前視を減じた値を既知点地盤高より加減して求めることができる．

表 3.10 昇降式野帳の記載例

自 BM1　　至 BM2
測器 ** 式　　平成 26 年 10 月 24 日　　測量士　田中

測 点	距 離	後 視 (B.S)	前 視 (F.S)	高低差 [m] +	高低差 [m] −	地盤高 [m]	補正地盤高 [m]	備 考
BM1		1.021				210.456	210.456	BM 1 = 210.456（既知）
1		1.356	0.223	0.798		211.254	211.252	BM 2 = 212.274（既知）
2		1.254	0.597	0.759		212.013	212.009	
3		0.962	1.852		0.598	211.415	211.409	
4		0.801	0.934	0.028		211.443	211.435	
5		1.000	0.310	0.491		211.934	211.924	
BM2			0.648		0.352	212.286	212.274	
和(Σ)		6.394	4.564	2.428	0.598			
結果		+1.830		+1.830				

（2）器高式野帳

表 3.11 に，器高式野帳の記入例を示す．図 3.27(c) のように，水準測量を実施した結果得られる野帳の記載例である．器高を求め，その値から移器点，中間点の読みを減じることで地盤高を求めることができる．移器点は，レベルを移設するときの重要な点であるため，中間点の読み取り以上に注意が必要である．なお，地盤高の補正は移器点で行う．

表 3.11 器高式野帳の記載例

自 BM1　　至 BM2
測器 ** 式　　平成 26 年 10 月 25 日　　測量士　田中

測 点	距 離	後 視 (B.S)	器 高 (I.H)	前 視 移器点 (T.P)	前 視 中間点 (I.P)	地盤高 [m]	補正値 [m]	補正地盤高 [m]	備 考
5		1.254	231.382			230.128		230.128	5 の地盤高は 230.128 で既知である
51					1.128	230.254		230.254	
52					1.104	230.278		230.278	
53					1.025	230.357		230.357	7 の地盤高は 230.594 で既知である
6	94.2	1.594	231.840	1.136		230.246	+0.005	230.251	
61					1.372	230.468		230.468	
62					1.482	230.358		230.358	
7	70.3			1.254		230.586	+0.008	230.594	

3.3.6 誤差の調整

水準測量は，既知点より始めて既知点に結び付けて終了する．このときに，実測を行っていることから，いかに精度の高い水準測量を実施しても，必ず誤差が生じる．この誤差の許容範囲は，表 3.9 に示したとおりである．なお，S の単位は km であることに注意を要する．

誤差の配分は，下記の二つの方法がある．

(1) 距離に比例配分

図 3.28 のように水準測量を行ったとき，誤差 Δh の配分は $\Delta h_1, \Delta h_2, \cdots \Delta h_n$ の各点に対して，次の式で求められる．

$$\Delta h_1 = \frac{S_1}{\sum S} \times \Delta h$$

$$\Delta h_2 = \frac{S_1 + S_2}{\sum S} \times \Delta h$$

$$\vdots$$

$$\Delta h_n = \frac{S_1 + S_2 + \cdots + S_n}{\sum S} \times \Delta h$$

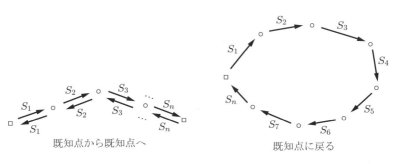

図 **3.28** 誤差を距離に比例配分する例

(2) 重みを考慮した配分

図 3.29 のように，3 個以上の既知の水準点から新点 P の高さを求めるような場合，重みを考慮した誤差配分を行う．重みは距離に逆比例するものとする．これは，距離が長くなればなるほど，測定の信頼度は低くなるという考え方に基づいている．

重みをそれぞれ，p_A，p_B，p_C とすると，

$$p_A : p_B : p_C = \frac{1}{S_A} : \frac{1}{S_B} : \frac{1}{S_C}$$

点 P の標高は，

$$Z = \frac{p_A \cdot Z_A + p_B \cdot Z_B + p_C \cdot Z_C}{p_A + p_B + p_C} \tag{3.10}$$

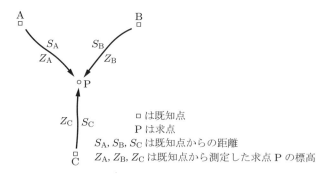

図 3.29 重みを考慮した誤差配分の例

ここに，Z_A：点 A より求めた点 P の標高，Z_B：点 B より求めた点 P の標高，Z_C：点 C より求めた点 P の標高，で求めることができる．

3.3.7 複雑な水準路線網の調整

図 3.30 に複雑な形状をした水準路線網の調整方法の例を示す．

この例では，標高が既知である四つの水準点 A，B，C および D があり，近傍に二つの新点 P と Q を設け，五つの区間の高低差 $h_1 \sim h_5$ を観測し，結果を調整して，新点 P と Q の標高 Z_P と Z_Q を求める．

水準点 A～D の標高 $Z_A \sim Z_D$ の値は表 3.12 に，また，各観測区間の距離と高低差の測定値は，表 3.13 に示すとおりである．

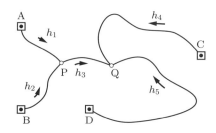

図 3.30 複雑な水準路線網

表 3.12 水準点 A～D の標高

水準点名称	標	高 [m]
A	Z_A	20.010
B	Z_B	23.160
C	Z_C	30.723
D	Z_D	5.612

表 3.13 各観測区間の距離と高低差の測定値

区 間	距 離 [km]		高低差測定値 [m]	
A → P	S_1	4	h_1	+1.055
B → P	S_2	5	h_2	−2.102
P → Q	S_3	5	h_3	−0.681
C → Q	S_4	10	h_4	−10.342
D → Q	S_5	20	h_5	+14.767

五つの高低差 $h_1 \sim h_5$ の最確値を，$H_1 \sim H_5$，各残差を $v_1 \sim v_5$ とすると，観測値が五つ，未知数が二つであるので，最確値の間に，

$$H_1 + H_3 - H_4 = Z_\mathrm{C} - Z_\mathrm{A}$$
$$H_1 - H_2 = Z_\mathrm{B} - Z_\mathrm{A}$$
$$H_4 - H_5 = Z_\mathrm{D} - Z_\mathrm{C}$$

なる 3 本の独立な条件式が成立する．

ここで，$H_i = h_i - v_i$ $(i = 1, \cdots, 5)$ を用いて，これらの条件式を残差で表現すると，

$$(h_1 - v_1) + (h_3 - v_3) - (h_4 - v_4) = Z_\mathrm{C} - Z_\mathrm{A}$$
$$(h_1 - v_1) - (h_2 - v_2) = Z_\mathrm{B} - Z_\mathrm{A}$$
$$(h_4 - v_4) - (h_5 - v_5) = Z_\mathrm{D} - Z_\mathrm{C}$$

すなわち，

$$v_1 + v_3 - v_4 - \{(h_1 + h_3 - h_4) - (Z_\mathrm{C} - Z_\mathrm{A})\} = 0 \tag{3.11}$$
$$v_1 - v_2 - \{(h_1 - h_2) - (Z_\mathrm{B} - Z_\mathrm{A})\} = 0 \tag{3.12}$$
$$v_4 - v_5 - \{(h_4 - h_5) - (Z_\mathrm{D} - Z_\mathrm{C})\} = 0 \tag{3.13}$$

ここで，

$$w_1 = (h_1 + h_3 - h_4) - (Z_\mathrm{C} - Z_\mathrm{A}) = 0.003\,\mathrm{m}$$
$$w_2 = (h_1 - h_2) - (Z_\mathrm{B} - Z_\mathrm{A}) = 0.007\,\mathrm{m}$$
$$w_3 = (h_4 - h_5) - (Z_\mathrm{D} - Z_\mathrm{C}) = 0.002\,\mathrm{m}$$

とおいて，単位を [m] → [mm] へ変換し，式 (3.11)〜(3.13) を書き換えると，

$$\varphi_1 = v_1 + v_3 - v_4 - w_1 = v_1 + v_3 - v_4 - 3 = 0 \tag{3.14}$$
$$\varphi_2 = v_1 - v_2 - w_2 = v_1 - v_2 - 7 = 0 \tag{3.15}$$
$$\varphi_3 = v_4 - v_5 - w_3 = v_4 - v_5 - 2 = 0 \tag{3.16}$$

重み付き残差自乗和を $S = \sum_{i=1}^{5} p_i v_i^2$ として，Lagrange の未定乗数 $\lambda_1 \sim \lambda_3$ を用いて，

$$F = S + 2\lambda_1 \varphi_1 + 2\lambda_2 \varphi_2 + 2\lambda_3 \varphi_3$$

が最小となるように，残差 $v_1 \sim v_5$ を決めればよい．すなわち，$\dfrac{\partial F}{2\partial v_i} = 0$ $(i = 1, \cdots, 5)$ より，

$$\frac{\partial F}{2\partial v_1} = p_1 v_1 + \lambda_1 + \lambda_2 = 0 \tag{3.17}$$

$$\frac{\partial F}{2\partial v_2} = p_2 v_2 - \lambda_2 = 0 \tag{3.18}$$

$$\frac{\partial F}{2\partial v_3} = p_3 v_3 + \lambda_1 = 0 \tag{3.19}$$

$$\frac{\partial F}{2\partial v_4} = p_4 v_4 - \lambda_1 + \lambda_3 = 0 \tag{3.20}$$

$$\frac{\partial F}{2\partial v_5} = p_5 v_5 - \lambda_3 = 0 \tag{3.21}$$

条件式 (3.13), (3.14) と，上記式 (3.17)〜(3.21) を連立させると，以下を得る．ここで，重み p_i は，各区間長の逆数に比例するので，$p_i = \dfrac{20}{S_i}$ とした．すなわち，表 3.13 から $p_1 = 5$, $p_2 = 4$, $p_3 = 4$, $p_4 = 2$, $p_5 = 1$ とした．

$$\begin{cases} +v_1 & & +v_3 & -v_4 & & & & = 3 \\ +v_1 & -v_2 & & & & & & = 7 \\ & & & +v_4 & -v_5 & & & = 2 \\ +5v_1 & & & & & +\lambda_1 & +\lambda_2 & = 0 \\ & +4v_2 & & & & & -\lambda_2 & = 0 \\ & & +4v_3 & & & +\lambda_1 & & = 0 \\ & & & +2v_4 & & -\lambda_1 & +\lambda_3 & = 0 \\ & & & & +v_5 & & -\lambda_3 & = 0 \end{cases}$$

このうちの，式 (3.17)〜(3.21) から v_i を λ_j で表して，式 (3.14)〜(3.16) に代入すると，λ_j のみについての連立一次方程式となり，$\lambda_1 = -0.8$, $\lambda_2 = -15.2$, $\lambda_3 = -1.6$ が得られる．これらから，$v_1 = 3.2$, $v_2 = -3.8$, $v_3 = 0.2$, $v_4 = 0.4$, $v_5 = -1.6$ mm を得る．すなわち，

$$Z_\mathrm{P} = Z_\mathrm{A} + H_1 = Z_\mathrm{A} + h_1 - v_1 = 21.062\,\mathrm{m}$$
$$Z_\mathrm{Q} = Z_\mathrm{C} + H_4 = Z_\mathrm{C} + h_4 - v_4 = 20.381\,\mathrm{m}$$

を得る．当然，

$$Z_\mathrm{P} = Z_\mathrm{B} + H_2 = 21.062\,\mathrm{m}$$
$$Z_\mathrm{Q} = Z_\mathrm{D} + H_5 = 20.381\,\mathrm{m}$$

なども成立する．

3.3.8 交互水準測量

海や河川を挟んだ2点A, B間の水準測量は, 中央にレベルを設置できないことから, 交互水準測量を行う. 交互水準測量は渡海（渡河）水準測量ともいわれる. これは, レベルの視準線誤差と地球の曲率半径誤差を取り除くために実施される.

図 3.31 のように, 点C, Dにレベルを据え付け, 点A, Bに標尺を立てる. このとき AC = BD とする. 点Cからの視準誤差を ε_1 とし, 点Dからの視準誤差を ε_2 とすると, 点A, Bの標高差は次のようになる.

$$Z_1 = (a_1 - \varepsilon_1) - (b_1 - \varepsilon_2) \tag{3.22}$$
$$Z_2 = (a_2 - \varepsilon_2) - (b_2 - \varepsilon_1) \tag{3.23}$$

これを平均して次式となる.

$$Z = Z_B - Z_A = \frac{(a_1 - b_1) + (a_2 - b_2)}{2} \tag{3.24}$$

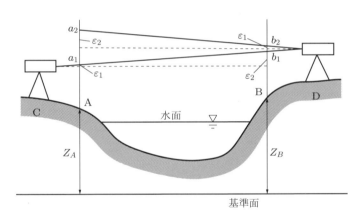

図 3.31 交互水準測量

＋＋ 演習問題 3 ＋＋

3.1 距離の補正には, どのような方法があるかを述べよ.

3.2 水平角の観測方法には, 三つの方法がある. 三つの方法を述べよ. また, 何のためにそれらの方法が利用されるかを述べよ.

3.3 水準測量の野帳の記入方法について述べよ.

第4章
位置決定のための測量

4.1 概　要

　位置を決定する測量には，トラバース測量，三角測量，三辺測量があり，基準点測量として用いられるものである．これらは，骨組みを構成する基準点の確定方法の相違によるものと考えれば理解しやすい．図 4.1(a) はトラバース測量（多角測量ともいう）であり，辺と角度を順々に測定する方法である．図 4.1(b) は三角測量であり，1辺の距離を正確に測定しておき，そのあとは角度のみを測定する方法である．図 4.1(c) は三辺測量であり，辺のみを測定する方法である．

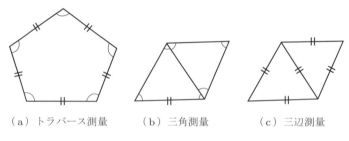

　　（a）トラバース測量　　（b）三角測量　　（c）三辺測量

図 4.1　基準点測量

　測量の目的，測量地域の広狭，地形によって，どの方法がよいかを考える必要があるが，三角測量，三辺測量は基本測量（国土交通省国土地理院で行う測量）で使われることが多く，トラバース測量は公共測量（国（国土地理院を除く），都道府県，市町村，公共団体）で多く使われる方法である．工事測量，地籍測量，路線測量，都市計画測量では，トラバース測量がおもに使用される．大まかな内容を表 4.1 に示す．

表 4.1　測量の目的と測量の方法

	測量の目的		測量地域の地形	
	測量地域の大小	測量の精度	測線の長さ	地形の複雑度
トラバース測量	比較的小，中規模	高い	短い	少ない
三角測量	大規模	非常に高い	長い	多い
三辺測量	大規模	非常に高い	長い	多い

4.2 トラバース測量の要点

トラバース測量（多角測量）は，図 4.2 に示すように，測点を折れ線状に配置し，各測点間の距離と隣り合う 2 辺が形成する交角を測定して，位置を決定する測量である．折れ線をトラバース線，測点をトラバース点という．測線が連なったものをトラバースという．

図 **4.2** トラバース測量

トラバース測量が実施されるのは次の場合である．
① 三角測量，三辺測量ほどの高い精度を必要としないとき．
② 測量の地域が中小規模であり，測線の長さが長くならず，測点と測点を見通すことができるとき．
③ 測量の地域が大規模なため，三角測量，三辺測量で決定した点を基準点として，さらに細部測量のために基準点を設けるとき．

4.3 トラバースの種類

トラバースを大別すると図 4.3 のようになる．
Ⅰ）**開放トラバース**：1 点より出発し，いずれにも閉合しないトラバースをいう．

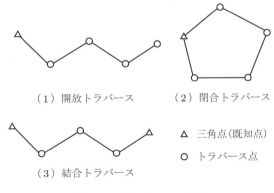

（1）開放トラバース　　（2）閉合トラバース

（3）結合トラバース

△ 三角点(既知点)
○ トラバース点

図 **4.3** トラバースの種類

出発点と終点とに定められた条件がないため，精度の点検，調整はできない．
Ⅱ）**閉合トラバース**：1点より出発し，再び最初の点に閉合するトラバースをいう．閉合差により精度の点検と調整ができる．ただし，距離測定の誤差は点検できない．
Ⅲ）**結合トラバース**：既知点と既知点を連結するトラバースをいう．閉合差により精度の点検と調整ができる．

4.4 トラバース測量の作業

トラバース測量の作業計画をたてるときに考慮すべき大切なことは，要求される精度と測量地域の地形の複雑度である．これは，要求される精度によって，使用する器械，器具，測量方法などがおおよそ決定するためである．また，地形の複雑度により，測量完成に要する日数，費用に大きな相違を生じることが起こるからである．トラバース測量の作業の一般的な流れを，図 4.4 に示す．

図 4.4 トラバース測量の流れ図

4.4.1 踏査・選点・造標

（1）踏　査

現地を視察し，後に続く作業を効率的に実施できるように，トラバース線設定の計画を定める．トラバース線は既設道路に沿って設定されるのが一般的である．史跡の存在，埋蔵物などの現地資料がある場合は，それらも参考にする必要がある．

（2）選　点

踏査によって得られたトラバース線の計画を元にして，トラバース点を決めなければならない．作業途上で，トラバース点が消失すると，後の作業に多大な影響が起こるため，選点には次のことに注意する必要がある．
① 地盤がしっかりとしていること．
② 器械の据え付けや視準が容易にでき，交通の邪魔にならないこと．
③ トラバース点間の距離はなるべく等しくし，大きな高低差がつかないこと．
④ 安全に保存できること．

（3）造　標

木杭，コンクリート杭などの標識を埋設することをいう．保存すべき期間を考えて

杭の種類を決める．

4.4.2 観 測

トラバース測量では，距離測量と角測量によって距離と角度を測定する．距離と角度を同時に測定するか，距離と角度のいずれを優先して測定するかは，測量の進捗状況，天気予報，確保できる作業人数などを考えて，臨機応変に対処する必要がある．

- Ⅰ）**測角の方法**：要求される精度に見合ったトランシットを用いて，単測法，倍角法，方向法によって観測する．測角は，多角形の内角を観測するのが一般的である．
- Ⅱ）**測距の方法**：同程度の長さに配置されたトラバース点間の距離を測定する．距離の精度は，角度の精度より劣ることが多いので，注意する必要がある．
- Ⅲ）**測距の精度と測角の精度**：距離の測定には，スチールテープ（鋼尺）を使用し，角度の測定にはトランシットが使用される．

なお，測角および測距の精度は，等しくつり合いのとれるように観測することが望ましい．図 4.5 に示すように，測角によって生じるトラバース点 T の誤差を $d\alpha$ とすると，トラバース点 T は T_1 および T_2 に偏位する．また，測距によって生じる誤差を d_s とし，$d_s = TT_1'$ とすると，測角と測距の精度がつり合うためには，トラバース測量の精度基準により，それに応じた測角，測距の器具や測定方法を考える必要がある．

$TT_1 > TT_1'$ の場合，測角の精度は測距の精度より悪い．

$TT_1 < TT_1'$ の場合，測角の精度は測距の精度より良い．

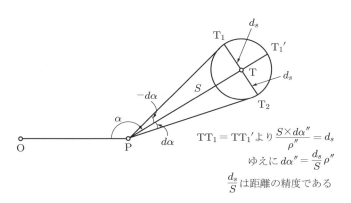

図 4.5 測距の精度と角度の精度（精度のつり合い）

4.4.3 方向角の決定

トラバース網内の，座標が既知の点から，三角点などの他の座標が既知の点を観測して，その点の方向角を決定する．

たとえば，図 4.6 の点 A がトラバース網内の座標既知点で，その座標が (X_A, Y_A) であり，点 P が他の座標既知点で，その座標が (X_P, Y_P) であるとする．このとき，点 P の点 A における方向角 θ_A は，

$$\theta_A = \tan^{-1} \frac{Y_P - Y_A}{X_P - X_A}$$

で求めることができる．ただし，点 P の見える方向が，図 4.6 の右図の第 2, 第 3 象限の場合は 180° を，また，第 4 象限の場合は 360° を θ_A に加える必要がある．すなわち，図 4.6 の左図のように第 4 象限に点 P が見えているときは，

$$\theta_A = \tan^{-1} \frac{Y_P - Y_A}{X_P - X_A} + 360°$$

となる．

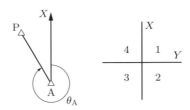

図 4.6 方向角の決定

4.4.4 計 算

測定した距離，角度を用いてトラバース点の座標を計算すると，閉合トラバース，結合トラバースでは図 4.7 に示すように誤差 $\varepsilon_d, \varepsilon_l$ を生じる．$\varepsilon_d, \varepsilon_l$ を用いて計算した閉合比が制限値内にあるならば，誤差をトラバースの各点に配分して座標を求める．この一連の計算をトラバースの調整計算という．制限値外ならば，再測しなければならない．

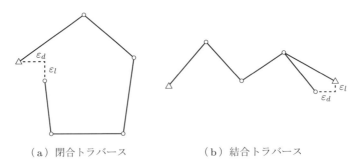

（a）閉合トラバース　　　（b）結合トラバース

図 4.7 閉合差

4.4.5　展開図の作成

求めたトラバースの座標を，所定の縮尺で測量用ケント紙あるいはマイラーなどにプロットする．この骨組み図を用いて，平板測量を実施する．

4.5　トラバースの調整計算

トラバースの調整計算は下記の順序で行う．

① 観測角の調整
② 方向角の計算
③ 緯距と経距の計算
④ 閉合差，閉合比の計算
⑤ 誤差の配分
⑥ 合緯距，合経距の計算
⑦ 面積の計算
⑧ 展開図の作成

4.5.1　観測角の調整

（1）閉合トラバース

辺の数を n，各夾角の観測値を $\alpha_1, \alpha_2, \alpha_3, \cdots, \alpha_n$ とすると，閉合差 δ は，
内角を観測した場合：

$$\delta = \sum \alpha_i - 180°(n-2) \tag{4.1}$$

外角を観測した場合：

$$\delta = \sum \alpha_i - 180°(n+2) \tag{4.2}$$

この閉合差 δ が制限値内に入るならば，各観測角に δ/n を等配分する．

$$\sum \alpha_i - 180°(n-2) = 0 \tag{4.3}$$

$$\sum \alpha_i - 180°(n+2) = 0 \tag{4.4}$$

（2）結合トラバース

結合トラバースとは，図 4.8 に示すように，座標が既知の二つの点 A と点 B を結ぶトラバースをいう．点 A と点 B からはそれぞれ座標が既知の点 P と点 Q が視準でき，4.4.3 項に記した方法で方向角 θ_A，θ_B が求められるとする．点 A からの最初のトラバース線も点 B への最後のトラバース線も東向きの場合，点 A に対する点 P，点 B に対する点 Q が東西いずれの方向を向くかによって閉合条件は四つに分類される．

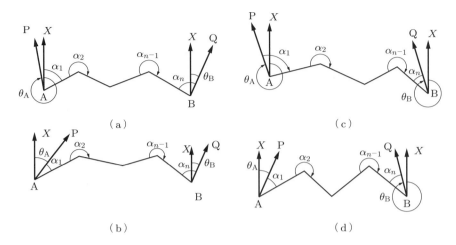

図 **4.8** 結合トラバースの種類

(a) $\theta_A - \theta_B + \sum \alpha_i = 180°(n+1)$

(b) $\theta_A - \theta_B + \sum \alpha_i = 180°(n-1)$

(c) $\theta_A - \theta_B + \sum \alpha_i = 180°(n-1)$

(d) $\theta_A - \theta_B + \sum \alpha_i = 180°(n-3)$

いずれの場合も，閉合差 δ を観測角に等配分して調整すればよい．なお，閉合トラバース，結合トラバースのいずれにおいても，観測角の閉合差には n を当該路線の観測点数として表 4.2 に示す制限値が設定されていて，制限値を超える場合は再観測しなければならない．

表 **4.2** 閉合差の制限値

現場の種類	山　林	平坦地	市街地
制限値	$1.5'\sqrt{n}$	$1.0'\sqrt{n}$	$15''\sim30''\sqrt{n}$

（3）方向角の計算

右回りに観測した場合に，方向角は図 4.9(a) に示すように，

$$\theta_1 = \theta_0 + 180° - \alpha_1$$
$$\theta_2 = \theta_1 + 180° - \alpha_2$$
$$\theta_3 = \theta_2 + 180° - \alpha_3$$
$$\vdots$$
$$\theta_n = \theta_{n-1} + 180° - \alpha_n$$

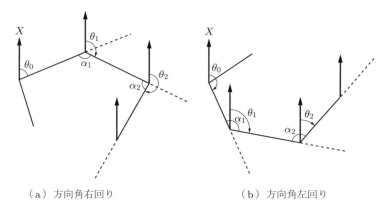

(a) 方向角右回り　　　　　　　（b) 方向角左回り

図 **4.9**　方向角の計算

で求めることができる．

左回りに観測した場合に，方向角は図 4.9(b) に示すように，

$$\theta_1 = \theta_0 + 180° + \alpha_1$$
$$\theta_2 = \theta_1 + 180° + \alpha_2$$
$$\theta_3 = \theta_2 + 180° + \alpha_3$$
$$\vdots$$
$$\theta_n = \theta_{n-1} + 180° + \alpha_n$$

で求めることができる．方向角が 360° より大きい場合には 360° を引き，負になるときは 360° を加えるとよい．

（4）緯距と経距の計算

測量では，図 4.10 のように，縦軸に南北を横軸に東西を示す座標を用いている．ある測線の，南北方向の距離を緯距，東西方向の距離を経距という．

$$\begin{aligned}
\text{測線 AB の緯距} \quad & \Delta X_1 = S_1 \cos\theta_1 \\
\text{測線 AB の経距} \quad & \Delta Y_1 = S_1 \sin\theta_1 \\
\text{測線 BC の緯距} \quad & \Delta X_2 = S_2 \cos\theta_2 \\
\text{測線 BC の経距} \quad & \Delta Y_2 = S_2 \sin\theta_2
\end{aligned}$$

ここに，θ_1, θ_2 は各測線の方向角である．緯距，経距は方向角を使用して計算されるので，符号は自動的に決まってくることになる．

（5）閉合差，閉合比の計算

すべての測線について，緯距，経距を計算すると図 4.11 のように，

$$\Delta X_1 + \Delta X_2 + \Delta X_3 + \cdots + \Delta X_n = \varepsilon_l$$

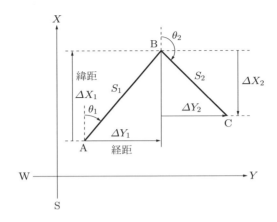

図 4.10 緯距と経距

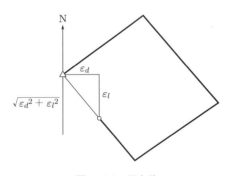

図 4.11 閉合差

$$\varDelta Y_1 + \varDelta Y_2 + \varDelta Y_3 + \cdots + \varDelta Y_n = \varepsilon_d$$

の誤差が生じる．

$$閉合差 = \sqrt{\varepsilon_l^2 + \varepsilon_d^2} \tag{4.5}$$

$$閉合比 = \frac{\sqrt{\varepsilon_l^2 + \varepsilon_d^2}}{\sum S_i} \tag{4.6}$$

閉合比は，閉合差を全測線長の和で割ったものであることから，トラバース測量の精度を表すことになる．閉合比は $1/R$ の形で示す．

制限値の実際の値を示すと，
① 山地など測量の困難な場所：$1/1{,}000$
② 緩傾斜地を含む普通の地形：$1/1{,}000 \sim 1/5{,}000$
③ 市街地などの平坦な場所　：$1/5{,}000 \sim 1/10{,}000$
制限値を越える場合には再観測を必要とする．

（6）誤差の配分

閉合比が制限値内にあることを確認し，閉合差 ε_l, ε_d を配分する．閉合差 ε_l, ε_d の配分には二つの方法がある．

Ⅰ）**コンパス法則**：角測量の精度と距離測量の精度が同程度のときに使用し，緯距，経距の誤差を測線の距離に比例配分して補正する．補正量は下記のようにして求める．

$$\text{緯距の補正量} = \frac{-\varepsilon_l}{\sum S_i} \times S_i \tag{4.7}$$

$$\text{経距の補正量} = \frac{-\varepsilon_d}{\sum S_i} \times S_i \tag{4.8}$$

ここに，ε_l：緯距の閉合差，ε_d：経距の閉合差，$\sum S_i$：測線の距離の総和 $= S_1 + S_2 + S_3 + \cdots S_n$ である．

Ⅱ）**トランシット法則**：角測量の精度より距離測量の精度のほうが劣る場合に使用し，緯距，経距の閉合差をそれぞれの緯距，経距の大きさに比例して閉合差を配分して補正する．補正量は下記のようにして求める．

$$\text{緯距の補正量} = \frac{-\varepsilon_l}{\sum |\Delta X_i|} \times \Delta X_i \tag{4.9}$$

$$\text{経距の補正量} = \frac{-\varepsilon_d}{\sum |\Delta Y_i|} \times \Delta Y_i \tag{4.10}$$

ここに，$\sum |\Delta X_i|$：各測線の緯距の総和，$|\Delta X_1| + |\Delta X_2| + \cdots + |\Delta X_n|$
$\sum |\Delta Y_i|$：各測線の経距の総和，$|\Delta Y_1| + |\Delta Y_2| + \cdots + |\Delta Y_n|$
ΔX_i：各測線の緯距，ΔY_i：各測線の経距．

（7）合緯距，合経距の計算

図 4.12 に示すように，緯距，経距は，それぞれの測線の始点を原点とした値である．したがって，これらを統一した直角座標値に変換する必要がある．図 4.12 のように，測点 A, 2, 3, $\cdots$, n の座標を $(X_A, Y_A), (X_2, Y_2), (X_3, Y_3), \cdots, (X_n, Y_n)$ とする．

合緯距，合経距は下記のようにして求めることができる．

$$X_2 = X_A + \Delta X_1$$
$$Y_2 = Y_A + \Delta Y_1$$
$$X_3 = X_2 + \Delta X_2 = X_1 + \Delta X_1 + \Delta X_2$$
$$Y_3 = Y_2 + \Delta Y_2 = Y_1 + \Delta Y_1 + \Delta Y_2$$
$$\vdots$$
$$X_n = X_{n-1} + \Delta X_{n-1} = X_1 + \Delta X_1 + \Delta X_2 + \cdots + \Delta X_{n-1}$$
$$Y_n = Y_{n-1} + \Delta Y_{n-1} = Y_1 + \Delta Y_1 + \Delta Y_2 + \cdots + \Delta Y_{n-1}$$

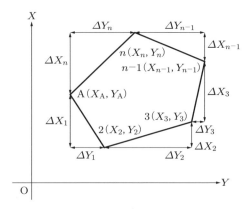

図 4.12 合緯距, 合経距

出発点 $A(X_A, Y_A)$ を座標原点にとり, 点 A の座標を $(0,0)$ とすると, 理解しやすい.

(8) 横距, 倍横距

図 4.13 のようなトラバースを考える. 各測線の中点から座標の縦軸に下した垂線の長さを横距という. aa', bb', cc', dd' が, 各測線 AB, BC, CD, DA の横距である.

それぞれ横距は,

$$aa' = \frac{1}{2}(\text{測線 AB の経距})$$

$$bb' = aa' + \frac{1}{2}(\text{測線 AB の経距}) + \frac{1}{2}(\text{測線 BC の経距})$$

$$cc' = bb' + \frac{1}{2}(\text{測線 BC の経距}) + \frac{1}{2}(\text{測線 CD の経距})$$

$$dd' = cc' + \frac{1}{2}(\text{測線 CD の経距}) + \frac{1}{2}(\text{測線 DA の経距})$$

で表される. 横距を 2 倍にしたものを倍横距という. いま, 両辺を 2 倍にすると上式

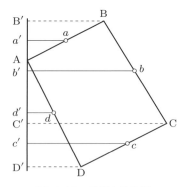

図 4.13 横距と倍横距

は下記のようになる．

$$2aa' = (測線\ AB\ の経距)$$
$$2bb' = 2aa' + (測線\ AB\ の経距) + (測線\ BC\ の経距)$$
$$2cc' = 2bb' + (測線\ BC\ の経距) + (測線\ CD\ の経距)$$
$$2dd' = 2cc' + (測線\ CD\ の経距) + (測線\ DA\ の経距)$$

これらの関係式を一般的に表現すると，

第 1 辺 (AB) の倍横距 = その測線 (AB) の経距
第 2 辺以降の倍横距 = (一つ前の測線の倍横距) + (一つ前の測線の経距)
　　　　　　　　　+ (その測線の経距)

のようになる．

(9) 面積の計算

トラバース ABCD の面積 S は図 4.13 より，

$$\begin{aligned}
S &= 多角形\ B'BCDD' - 三角形\ ABB' - 三角形\ ADD' \\
&= 台形\ B'BCC' + 台形\ CDD'C - 三角形\ ABB' - 三角形\ ADD' \\
&= \frac{1}{2}\underbrace{(BB' + CC')}_{測線\ BC\ の倍横距} \times \underbrace{B'C'}_{測線\ BC\ の緯距} + \frac{1}{2}\underbrace{(CC' + DD')}_{測線\ CD\ の倍横距} \times \underbrace{C'D'}_{測線\ CD\ の緯距} \\
&\quad - \frac{1}{2}\underbrace{BB'}_{測線\ AB\ の倍横距} \times \underbrace{A'B'}_{測線\ AB\ の緯距} - \frac{1}{2}\underbrace{DD'}_{測線\ DA\ の倍横距} \times \underbrace{D'A'}_{測線\ DA\ の緯距}
\end{aligned} \tag{4.11}$$

で求めることができる．

上式を書き直すと，

$$2S = \left|\sum\{(各測線の倍横距) \times (その測線の緯距)\}\right| \tag{4.12}$$

であり，絶対値をとり，それを 1/2 倍したものが面積 S となる．

以上を，倍横距（D.M.D., Double Meridian Distance method）による面積の計算といい，閉合トラバースの調整計算を行い，緯距，経距が計算されている場合に，容易にその面積を計算することができる．

(10) 展開図の作成

平板用ケント紙，マイラー（フィルム状の平板用紙）に，所要の縮尺で合緯距，合経距を用いて，トラバース点をプロットして作成した図面を展開図という．展開図は，平板測量において地形図を作成するための根幹をなす図面となるため，注意深くプロットする必要がある．

4.6 閉合トラバース測量の調整計算例（左回り）

図 4.14 のように，座標が既知の点 A があり，途中にトラバース点 2〜5 の 4 点を設けて閉合トラバース測量を行い，表 4.3，4.4 のような成果を得た．このとき，閉合トラバース測量の調整計算を行い，新点 2〜5 の座標値を求めてみる．ただし，点 A，点 P の座標値は，それぞれ，

$$(X_A, Y_A) = (-31{,}975.343\,\text{m}, -6{,}582.493\,\text{m})$$
$$(X_P, Y_P) = (-31{,}243.288\,\text{m}, -6{,}977.686\,\text{m})$$

であり，また，点 A における三角点 P から測線 A2 への方向角 α_A は，$212°13'25''$ であった．なお，角の閉合差の制限値は $30''\sqrt{n}$，閉合比の制限値は $1/5{,}000$ とする．

点 A における三角点 P の方向角を θ_A とすると，点 P は第 4 象限に見えているので，

$$\theta_A = \tan^{-1}\frac{Y_P - Y_A}{X_P - X_A} + 360° = 331°38'17''$$

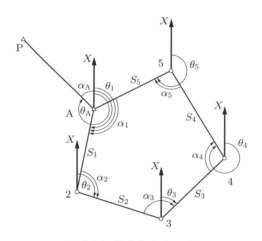

図 4.14 閉合トラバース網

表 4.3 閉合トラバース網の夾角の観測値

記　号	観測夾角
α_1	$116°55'34''$
α_2	$100°05'25''$
α_3	$112°34'30''$
α_4	$108°44'15''$
α_5	$101°39'40''$

表 4.4 閉合トラバース網の測線長の観測値

記　号	トラバース線	区間長
S_1	A→2	37.387 m
S_2	2→3	40.635 m
S_3	3→4	39.083 m
S_4	4→5	38.813 m
S_5	5→A	41.388 m

4.6.1 観測角の調整

角の閉合差は，

$$\delta = 180°(n-2) - \sum_{i=1}^{5} \alpha_i$$
$$= 540°00'00'' - 539°59'24'' = 36'' < 30''\sqrt{5} = 67''$$

それぞれの角の調整量は，$36''/5 = 7''2$ となるが，角度は，秒の単位で整数処理をするので，各夾角（各交角）の調整値は，観測値の一つに $8''$ を，その他に一律に $7''$ を加えたものとなる．通常，測線の方向角が，$45°$，$135°$ に近い夾角に大きな補正を行うと，補正による X と Y の変化量が比較的近い値になり望ましいとされているが，わずか $1''$ の変化では結果に大きな違いをもたらすわけではないので，あまり意識する必要はない．ここでは，トラバース点 A〜4 の夾角に $7''$ を，トラバース点 5 の夾角に $8''$ を加えることとする．

したがって，調整後の夾角は，表 4.5 のようになる．

表 **4.5** 観測夾角の調整

記号	観測夾角	調整量	調整後の夾角
α_1	116°55′34″	+7″	116°55′41″
α_2	100°05′25″	+7″	100°05′32″
α_3	112°34′30″	+7″	112°34′37″
α_4	108°44′15″	+7″	108°44′22″
α_5	101°39′40″	+8″	101°39′48″

4.6.2 方向角の計算

測線 A→2 の方向角は，図 4.14 より，$\theta_A > \theta_1$ なので，

$$\theta_1 = \theta_A + \alpha_A - 360°00'00''$$
$$= 331°38'17'' + 212°13'25'' - 360°$$
$$= 183°51'42''$$

ちなみに，$\theta_A \leqq \theta_1$ ならば，$\theta_1 = \theta_A + \alpha_A$ となる．

測線 2→3〜5→A の方向角 θ_2〜θ_5 は，

$$\theta_{i-1} + \alpha_i \geqq 180° であれば, \theta_i = \theta_{i-1} + \alpha_i - 180°$$
$$\theta_{i-1} + \alpha_i < 180° であれば, \theta_i = \theta_{i-1} + \alpha_i + 180°$$

により，以下のように次々と計算できる．

$$
\begin{array}{rl}
& 183°51'42'' = \theta_1 \\
+) & 100°05'32'' = \alpha_2 \\
\hline
& 283°57'14'' \\
-) & 180°00'00'' \\
\hline
& 103°57'14'' = \theta_2 \\
+) & 112°34'37'' = \alpha_3 \\
\hline
& 216°31'51'' \\
-) & 180°00'00'' \\
\hline
& 36°31'51'' = \theta_3 \\
+) & 108°44'22'' = \alpha_4 \\
\hline
& 145°16'13'' \\
+) & 180°00'00'' \\
\hline
& 325°16'13'' = \theta_4 \\
+) & 101°39'48'' = \alpha_5 \\
\hline
& 426°56'01'' \\
-) & 180°00'00'' \\
\hline
& 246°56'01'' = \theta_5 \\
+) & 116°55'42'' = \alpha_1 \\
\hline
& 363°51'42'' \\
-) & 180°00'00'' \\
\hline
& 183°51'42'' = \text{上記}\ \theta_1\ \text{に一致する.}
\end{array}
$$

以上をまとめると，表 4.6 のようになる．

表 4.6 方向角の計算結果

測点	夾角 (α_i) 観測値	夾角 (α_i) 調整値	測線	方向角 (θ_i)
		$\theta_A =$	A→P	331°38'17''
A	116°55'34''	116°55'41''	A→2	183°51'42''
2	100°05'25''	100°05'32''	2→3	103°57'14''
3	112°34'30''	112°34'37''	3→4	36°31'51''
4	108°44'15''	108°44'22''	4→5	325°16'13''
5	101°39'40''	101°39'48''	5→A	246°56'01''

4.6.3 緯距と経距の計算

各区間の緯距と経距は，区間長 S_i と方向角 θ_i を用いて，表 4.7 のように計算できる．

緯距　$\Delta X_i = S_i \cos \theta_i$
経距　$\Delta Y_i = S_i \sin \theta_i$

表 4.7 緯距と経距の計算結果

測線	距離 [m]	方向角	緯距 ΔX_i[m] (+)	(−)	経距 ΔY_i[m] (+)	(−)
A→2	37.387	183°51′42″		−37.302		−2.518
2→3	40.635	103°57′14″		−9.799	+39.436	
3→4	39.083	36°31′51″	+31.405		+23.264	
4→5	38.813	325°16′13″	+31.898			−22.112
5→A	41.388	246°56′01″		−16.216		−38.079
計	197.306		$\sum \Delta X_i = -0.014$m		$\sum \Delta Y_i = -0.009$m	

4.6.4 閉合差・閉合比の計算

合緯距の誤差：$\varepsilon_l = -\sum \Delta X_i = +0.014\,\text{m}$

合経距の誤差：$\varepsilon_d = -\sum \Delta Y_i = +0.009\,\text{m}$

閉合差：$\varepsilon = \sqrt{\varepsilon_l^2 + \varepsilon_d^2} = 0.0166\,\text{m} \sim 0.017\,\text{m}$

閉合比：$R = \dfrac{\varepsilon}{\sum S_i} = \dfrac{0.017}{197.306} \sim \dfrac{1}{12000}$

4.6.5 調整量の計算

合緯距，合経距の誤差を，区間長に比例して配分する．たとえば，測線 A→2 間の調整量は，路線長全体の 197.306 m 分の 37.387 m なので，緯距の補正量を $\text{A}2_l$ と記すと，

$$\text{A}2_l = \varepsilon_l \times \frac{S_1}{\sum S_i} = (+0.014) \times \frac{37.387}{197.306} = +0.0026\,\text{m}$$
$$\sim +0.003\,\text{m}$$

経距の補正量 $\text{A}2_d$ は，

$$\text{A}2_d = \varepsilon_d \times \frac{S_1}{\sum S_i} = (+0.009) \times \frac{37.387}{197.306} = +0.0017\,\text{m}$$
$$\sim +0.002\,\text{m}$$

などとなる．

以上をまとめて，緯距，経距の調整量と，調整後の緯距，経距は，表 4.8 のようになる．

表 4.8 調整後の緯距と経距の計算結果

測線	緯距調整量 [m]	経距調整量 [m]	調整緯距 [m]	調整経距 [m]
A → 2	+0.002	+0.001	−37.300	−2.517
2 → 3	+0.003	+0.002	−9.796	+39.438
3 → 4	+0.003	+0.002	+31.408	+23.266
4 → 5	+0.003	+0.002	+31.901	−22.110
5 → A	+0.003	+0.002	−16.213	−38.077
計	+0.014	+0.009		

四捨五入の丸め誤差を取り除くため，測線 A→2 の調整量は，切り上げるべきところを切り捨ててある．

4.6.6 合緯距・合経距の計算

トラバース点 A を原点として，調整済みの緯距，経距を用いて，表 4.9 のように計算できる．

表 4.9 合緯距と合経距

測線	調整緯距 [m]	調整経距 [m]	測点	合緯距 [m]	合経距 [m]
A → 2	−37.300	−2.517	A	0.000	0.000
2 → 3	−9.796	+39.438	2	−37.300	−2.517
3 → 4	+31.408	+23.266	3	−47.096	+36.921
4 → 5	+31.901	−22.110	4	−15.688	+60.187
5 → A	−16.213	−38.077	5	+16.213	+38.077

4.6.7 各トラバース点の座標の計算

以上から，各トラバース点の座標は，以下のように次々と計算できる．

(1) X 座標

$$X_2 = X_A + \Delta X_A = -31975.343 - 37.300$$
$$= -32,012.643 \,\mathrm{m}$$
$$X_3 = X_2 + \Delta X_2 = -32012.643 - 9.796$$
$$= -32,022.439 \,\mathrm{m}$$
$$X_4 = X_3 + \Delta X_3 = -32022.439 + 31.408$$
$$= -31,991.031 \,\mathrm{m}$$
$$X_5 = X_4 + \Delta X_4 = -31991.031 + 31.901$$
$$= -31,959.130 \,\mathrm{m}$$

$$X_{\mathrm{A}} = X_5 + \Delta X_5 = -31959.130 - 16.213$$
$$= -31,975.343\,\mathrm{m} \leftarrow 82\,\text{ページの問題文の}\,X_{\mathrm{A}}\,\text{と一致}$$

(2) Y 座標

$$Y_2 = Y_{\mathrm{A}} + \Delta Y_{\mathrm{A}} = -6582.493 - 2.517$$
$$= -6,585.010\,\mathrm{m}$$
$$Y_3 = Y_2 + \Delta Y_2 = -6585.010 + 39.438$$
$$= -6,545.572\,\mathrm{m}$$
$$Y_4 = Y_3 + \Delta Y_3 = -6545.572 + 23.266$$
$$= -6,522.3055\,\mathrm{m}$$
$$Y_5 = Y_4 + \Delta Y_4 = -6522.306 - 22.110$$
$$= -6,544.416\,\mathrm{m}$$
$$Y_{\mathrm{A}} = Y_5 + \Delta Y_5 = -6544.416 - 38.077$$
$$= -6,582.493\,\mathrm{m} \leftarrow 82\,\text{ページの問題文の}\,Y_{\mathrm{A}}\,\text{と一致}$$

となる．

以上をまとめて，最終座標は，表 4.10 のようになる．

表 4.10 最終的なトラバース点の座標値

測 点	X 座標 [m]	Y 座標 [m]
A	$-31,975.343$	$-6,582.493$
2	$-32,012.643$	$-6,585.010$
3	$-32,022.439$	$-6,545.572$
4	$-31,991.031$	$-6,522.306$
5	$-31,959.130$	$-6,544.416$

4.6.8 面積の計算

$$S \fallingdotseq \frac{|\sum\{(\text{各測線の倍横距}) \times (\text{その測線の緯距})\}|}{2}$$

なる関係を利用して，表 4.11 のように求めることができる．

なお，面積は，トラバース点の座標を用いて，

$$S = \frac{1}{2}\left|\sum_{i=1}^{n}(X_i - X_{i+1})(Y_i + Y_{i+1})\right|$$
$$= \frac{1}{2}\left|\sum_{i=1}^{n}(X_i + X_{i+1})(Y_i - Y_{i+1})\right|$$

で求めることもできる．ここに，$X_{n+1} = X_1$，$Y_{n+1} = Y_1$ と読み替えるものとする．

表 4.11 面積の計算

測　線	調整緯距 [m]	調整経距 [m]	倍横距 [m]	倍面積 [m^2]
A → 2	−37.300	−2.517	−2.517	+93.884
2 → 3	−9.796	+39.438	+34.404	−337.022
3 → 4	+31.408	+23.266	+97.108	+3,049.968
4 → 5	+31.901	−22.110	+98.264	+3,134.720
5 → A	−16.213	−38.077	+38.077	−617.342
			面積 = $\sum$ 倍面積/2	+2,662.10

4.7　閉合トラバース測量の調整計算例（右回り）

CAD を用いてトラバース図を作成する場合などで，右回り方向角を求めるときがある．以下にその方法を示す．

図 4.15 のように，座標が既知の点 A があり，途中に，右回りに，トラバース点 2～5 の 4 点を設けて閉合トラバース測量を行い，下記のような成果を得た．このとき，閉合トラバース測量の調整計算を行ってみる．ただし，点 A，点 P の座標値は，それぞれ，

$$(X_A, Y_A) = (+51,460.238\,\mathrm{m}, +12,726.930\,\mathrm{m})$$
$$(X_P, Y_P) = (+50,765.753\,\mathrm{m}, +11,977.686\,\mathrm{m})$$

であり，また，点 A における三角点 P から測線 A2 への方向角 α_A は $182°14'09''$ であった．なお，角の閉合差の制限値は $30''\sqrt{n}$，閉合比の制限値は 1/5,000 とする．

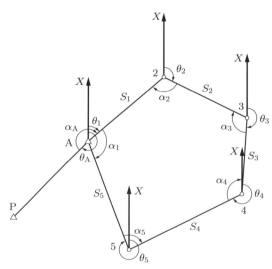

図 4.15　閉合トラバース網

4.7 閉合トラバース測量の調整計算例（右回り）　89

表 4.12　閉合トラバース網の夾角の観測値

記号	夾角
α_1	$105°09'50''$
α_2	$113°48'57''$
α_3	$111°29'48''$
α_4	$121°59'57''$
α_5	$87°32'34''$

表 4.13　閉合トラバース網の測線長の観測値

記号	トラバース線	区間長
S_1	$A \to 2$	$58.634\,m$
S_2	$2 \to 3$	$51.135\,m$
S_3	$3 \to 4$	$44.528\,m$
S_4	$4 \to 5$	$66.891\,m$
S_5	$5 \to A$	$66.029\,m$

点 A における三角点 P の方向角を θ_A とすると，点 P は第 3 象限に見えているので，

$$\theta_A = \tan^{-1} \frac{Y_P - Y_A}{X_P - X_A} + 180° = 227°10'20''$$

4.7.1　観測角の調整

角の閉合差は，$n = 5$ として，

$$\delta = 180°(n-2) - \sum_{i=1}^{n} \alpha_i$$
$$= 540°00'00'' - 540°01'06'' = -66'' < 30''\sqrt{5} = 67''$$

それぞれの角の調整量は，$-66''/5 = 13''2$ となるが，角度は，秒の単位で整数処理をするので，各夾角の調整値は，観測値の一つに $-14''$ をその他に一律に $-13''$ を加えたものとなる．ここでは，トラバース点 A〜4 の夾角に $-13''$ を，トラバース点 5 の夾角に $-14''$ を加えるとする．

したがって，調整後の夾角は，表 4.14 のようになる．

表 4.14　観測夾角の調整

記号	観測夾角	調整量	調整後の夾角
α_1	$105°09'50''$	$-13''$	$105°09'37''$
α_2	$113°48'57''$	$-13''$	$113°48'44''$
α_3	$111°29'48''$	$-13''$	$111°29'35''$
α_4	$121°59'57''$	$-13''$	$121°59'44''$
α_5	$87°32'34''$	$-14''$	$87°32'20''$

4.7.2　方向角の計算

測線 A2 の方向角は，図 4.15 より，$\theta_A > \theta_1$ なので，

$$\theta_1 = \theta_A + \alpha_A - 360°00'00''$$
$$= 227°10'20'' + 182°14'09'' - 360°$$
$$= 49°24'29''$$

となる．

点 2〜5 の方向角 $\theta_2 \sim \theta_5$ は，

$\theta_{i-1} - \alpha_i \leqq 180°$ であれば，$\theta_i = \theta_{i-1} + 180° - \alpha_i$

$\theta_{i-1} - \alpha_i > 180°$ であれば，$\theta_i = \theta_{i-1} - 180° - \alpha_i$

により，以下のように次々と計算できる．

$$
\begin{array}{rl}
& 49°24'29'' = \theta_1 \\
+)\ & 180°00'00'' \\
\hline
& 229°24'29'' \\
-)\ & 113°48'44'' = \alpha_2 \\
\hline
& 115°35'45'' = \theta_2 \\
+)\ & 180°00'00'' \\
\hline
& 295°35'45'' \\
-)\ & 111°29'35'' = \alpha_3 \\
\hline
& 184°06'10'' = \theta_3 \\
+)\ & 180°00'00'' \\
\hline
& 364°06'10'' \\
-)\ & 121°59'44'' = \alpha_4 \\
\hline
& 242°06'26'' = \theta_4 \\
+)\ & 180°00'00'' \\
\hline
& 422°06'26'' \\
-)\ & 87°32'20'' = \alpha_5 \\
\hline
& 334°34'06'' = \theta_5 \\
-)\ & 180°00'00'' \\
\hline
& 154°34'06'' \\
-)\ & 105°09'37'' = \alpha_1 \\
\hline
& 49°24'29'' = \text{上記}\ \theta_1\ \text{に一致する．}
\end{array}
$$

以上をまとめると，表 4.15 のようになる．

4.7.3 緯距と経距の計算

各区間の緯距と経距は，区間長 S_i と方向角 θ_i を用いて，下記のように計算できる．

緯距 $\Delta X_i = S_i \cos \theta_i$

経距 $\Delta Y_i = S_i \sin \theta_i$

4.7.4 閉合差・閉合比の計算

合緯距の誤差：$\varepsilon_\ell = -\sum \Delta X_i = +0.016\,\mathrm{m}$

合経距の誤差：$\varepsilon_d = -\sum \Delta Y_i = +0.020\,\mathrm{m}$

4.7 閉合トラバース測量の調整計算例（右回り）

表 4.15 方向角の計算結果

測 点	夾角 (α_i) 観測値	夾角 (α_i) 調整値	測線	方向角 (θ_i)
A	105°09′50″	$\theta_A =$ 105°09′37″	AP	227°10′20″
			A2	49°24′29″
2	113°48′57″	113°48′44″		
			23	115°35′45″
3	111°29′48″	111°29′35″		
			34	184°06′10″
4	121°59′57″	121°59′44″		
			45	242°06′26″
5	87°32′34″	87°32′20″		
			5A	334°34′06″

表 4.16 緯距と経距の計算結果

測線	距離 [m]	方向角	緯距 [m] (+)	緯距 [m] (−)	経距 [m] (+)	経距 [m] (−)
A2	58.634	49°24′29″	+38.151		+44.524	
23	51.135	115°35′45″		−22.091	+46.117	
34	44.528	184°06′10″		−44.414		−3.186
45	66.891	242°06′26″		−31.293		−59.120
5A	66.029	334°34′06″	+59.631			−28.355
計	287.217		$\sum \Delta X_i = -0.016$ m		$\sum \Delta Y_i = -0.020$ m	

閉合差：$\varepsilon = \sqrt{\varepsilon_\ell^2 + \varepsilon_d^2} = 0.0256 \sim 0.026$ m

閉合比：$R = \dfrac{\varepsilon}{\sum S_i} = \dfrac{0.026}{287.217} \sim \dfrac{1}{11000} < \dfrac{1}{5000}$

4.7.5 調整量の計算

合緯距，合経距の誤差を，区間長に比例して配分する．たとえば，測線 A2 間の調整量は，路線長全体の 287.217 m 分の 58.634 m なので，緯距の補正量は，

$$A2 = (+0.016) \times \dfrac{58.634}{287.217}$$
$$= +0.0033 \text{ m}$$
$$\sim +0.003 \text{ m}$$

経距の補正量は，

$$A2 = (+0.020) \times \dfrac{58.634}{287.217}$$
$$= +0.0041 \text{ m}$$

$\sim +0.004\,\mathrm{m}$

などとなる．

他の測線についても同様に計算を行い，結果をまとめると，緯距，経距の調整量と，調整後の緯距，経距は，表 4.17 のようになる．

表 **4.17** 調整後の緯距と経距の計算結果

測線	緯距調整量 [m]	経距調整量 [m]	調整後緯距 [m]	調整後経距 [m]
A → 2	+0.003	+0.004	+38.154	+44.528
2 → 3	+0.003	+0.004	−22.088	+46.121
3 → 4	+0.002	+0.003	−44.412	−3.183
4 → 5	+0.004	+0.005	−31.289	−59.115
5 → A	+0.004	+0.004	+59.635	−28.351
計	+0.016	+0.020		

ただし，測線 5→A の調整量は，四捨五入では切り上げになるが，丸め誤差を取り除くために切り上げるべきところを切り捨ててある．

4.7.6　各トラバース点の座標計算

以上から，各トラバース点の座標は，以下のように次々と計算できる．

X 座標：

$$X_2 = X_A + \Delta X_A$$
$$= +51460.238 + 38.154$$
$$= +51,498.392\,\mathrm{m}$$
$$X_3 = X_2 + \Delta X_2$$
$$= +51498.392 - 22.088$$
$$= +51,476.304\,\mathrm{m}$$
$$X_4 = X_3 + \Delta X_3$$
$$= +51476.304 - 44.412$$
$$= +51,431.892\,\mathrm{m}$$
$$X_5 = X_4 + \Delta X_4$$
$$= +51431.892 - 31.289$$
$$= +51,400.603\,\mathrm{m}$$
$$X_A = X_5 + \Delta X_5$$
$$= +51400.603 + 59.635$$
$$= +51,460.238\,\mathrm{m}$$
$$\leftarrow 88\text{ ページの問題文の }X_A\text{ と一致}$$

Y 座標：

$$Y_2 = Y_A + \Delta Y_A$$
$$= +12726.930 + 44.528$$
$$= +12,771.458 \,\mathrm{m}$$

$$Y_3 = Y_2 + \Delta Y_2$$
$$= +12771.458 + 46.121$$
$$= +12,817.579 \,\mathrm{m}$$

$$Y_4 = Y_3 + \Delta Y_3$$
$$= +12817.579 - 3.183$$
$$= +12,814.396 \,\mathrm{m}$$

$$Y_5 = Y_4 + \Delta Y_4$$
$$= +12814.396 - 59.115$$
$$= +12,755.281 \,\mathrm{m}$$

$$Y_A = Y_5 + \Delta Y_5$$
$$= +12755.281 - 28.351$$
$$= +12,726.930 \,\mathrm{m}$$

← 88 ページの問題文の Y_A と一致

となる．

以上まとめて，最終座標は，表 4.18 のようになる．

表 **4.18** 最終的なトラバース点の座標値

測点	X 座標 [m]	Y 座標 [m]
A	+51,460.238	+12,726.930
2	+51,498.392	+12,771.458
3	+51,476.304	+12,817.579
4	+51,431.892	+12,814.396
5	+51,400.603	+12,755.281

4.8 結合トラバース測量の調整計算例

座標が既知の点 A から点 B に向けて，図 4.16 のように途中にトラバース点を 2 と 3 の 2 点を設けて結合トラバース測量を行った．このとき，以下の手順にしたがって，結合トラバース測量の調整計算を行い，新点 2, 3 の座標を求めてみる．ただし，点 A，B ならびに三角点 P，Q の座標は，それぞれ，

$$(X_A, Y_A) = (+90, 390.365 \,\mathrm{m}, -25, 185.740 \,\mathrm{m})$$

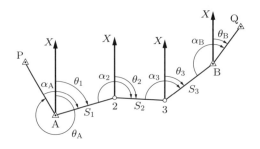

図 4.16 結合トラバース網

表 4.19 結合トラバース網の夾角の観測値

記 号	観測夾角
$\alpha_1 = \alpha_A$	105°20′52″
α_2	206°01′32″
α_3	117°42′03″
$\alpha_4 = \alpha_B$	195°20′26″

表 4.20 結合トラバース網の測線長の観測値

記 号	トラバース線	区間長 [m]
S_1	A → 2	130.695
S_2	2 → 3	105.675
S_3	3 → B	134.670

$$(X_B, Y_B) = (+90,505.709\,\mathrm{m}, -24,870.294\,\mathrm{m})$$
$$(X_P, Y_P) = (+90,420.861\,\mathrm{m}, -25,203.164\,\mathrm{m})$$
$$(X_Q, Y_Q) = (+90,536.930\,\mathrm{m}, -24,826.237\,\mathrm{m})$$

である．各測点における夾角の観測値が表 4.19 のとおりであったとき，各測点における誤差調整後の夾角，および，各測線の方向角を求めてみる．角の閉合差と閉合比の制限値は，一般に閉合トラバース測量より大きく取るが，ここでは同様とする．

点 A における三角点 P の方向角 θ_A および点 B における三角点 Q の方向角 θ_B は，それぞれ，

$$\theta_A = \tan^{-1}\frac{Y_P - Y_A}{X_P - X_A} + 360° \to \theta_A = 330°15′30″$$

$$\theta_B = \tan^{-1}\frac{Y_Q - Y_B}{X_Q - X_B} \to \theta_B = 54°40′36″$$

閉合トラバースと同様に，通常は $\theta_A = \tan^{-1}\frac{Y_P - Y_A}{X_P - X_A}$ だが，点 A から点 P の見える方向が第 2，第 3 象限のときはこれに 180° を，第 4 象限のときは 360° を加える．本例では，点 P は第 4 象限に見えるので，360° を加える．θ_B を求めるときも，点 B から点 Q の見える方向に関して同じである．

4.8.1 観測角の調整

$$\sum_{i=1}^{n} \alpha_i = \alpha_A + \alpha_2 + \alpha_3 + \alpha_B = 624°24′53″$$

で，本例では，図 4.8(c) の場合に相当するので，閉合差は，

$$\delta = 180°(n+1) + (\theta_B - \theta_A) - \sum_{i=1}^{n} \alpha_i$$
$$= 900°00'00'' - 899°59'47'' = 13'' \leq 30''\sqrt{4} = 60''$$

となる．それぞれの角の調整量は，$13''/4 = 3''.25$ となり，整数で処理するため，三つの観測値に $3''$，一つの観測値に $4''$ を加えたものとなる．ここでは，点 A～2 の夾角に $3''$ を点 B の夾角に $4''$ を加えるものとする．

表 **4.21** 観測夾角の調整

記　号	観測夾角	調整量	調整後の夾角
$\alpha_1 = \alpha_A$	$105°20'52''$	$+3''$	$105°20'55''$
α_2	$206°01'32''$	$+3''$	$206°01'35''$
α_3	$117°42'03''$	$+3''$	$117°42'06''$
$\alpha_4 = \alpha_B$	$195°20'26''$	$+4''$	$195°20'30''$

4.8.2　方向角の計算

測線 A2 の方向角は，図 4.16 より，$\theta_A > \theta_1$ なので，

$$\theta_1 = \theta_A + \alpha_A - 360°00'00'' = 330°15'30'' + 105°20'55'' - 360°$$
$$= 75°36'25''$$

測線 2→3～3→B の各測線の方向角は，

$$\theta_{i-1} + \alpha_i \geq 180° であれば，\quad \theta_i = \theta_{i-1} + \alpha_i - 180°$$
$$\theta_{i-1} + \alpha_i < 180° であれば，\quad \theta_i = \theta_{i-1} + \alpha_i + 180°$$

により，以下のように次々と計算できる．

$$\begin{array}{rl}
& 75°36'25'' \quad = \theta_1 \\
+) & 206°01'35'' \quad = \alpha_2 \\
\hline
& 281°38'00'' \\
-) & 180°00'00'' \\
\hline
& 101°38'00'' \quad = \theta_2 \\
+) & 117°42'06'' \quad = \alpha_3 \\
\hline
& 219°20'06'' \\
-) & 180°00'00'' \\
\hline
& 39°20'06'' \quad = \theta_3 \\
+) & 195°20'30'' \quad = \alpha_4 = \alpha_B \\
\hline
& 234°40'36'' \\
-) & 180°00'00'' \\
\hline
& 54°40'36'' \quad = \theta_4 = \theta_B
\end{array}$$

以上をまとめると，表 4.22 のようになる．

表 4.22 方向角の計算結果

測点	夾 角 (α_i)		測線	方向角 (θ_i)
	観測値	調整値		
A	105°20′52″	$\theta_A =$ 105°20′55″	A→P	330°15′30″
			A→2	75°36′25″
2	206°01′32″	206°01′35″		
			2→3	101°38′00″
3	117°42′03″	117°42′06″		
			3→4	39°20′06″
B	109°20′26″	109°20′30″		
		$\theta_B =$	B→Q	54°40′36″

4.8.3　緯距と経距の計算

各区間の緯距と経距は，表 4.20 に示す区間長 S_i と前項で求めた方向角 θ_i を用いて，表 4.23 のように計算できる．

$$緯距 \quad \Delta X_i = S_i \cos \theta_i$$
$$経距 \quad \Delta Y_i = S_i \sin \theta_i$$

表 4.23 緯距と経距の計算結果

測線	距離 [m]	方向角	緯 距 ΔX_i [m]		経 距 ΔY_i [m]	
			(+)	(−)	(+)	(−)
A → 2	130.695	75°36′25″	+32.487		+126.593	
2 → 3	105.675	101°38′00″		−21.309	+103.504	
3 → B	134.670	39°20′06″	+104.161		+85.361	
計	371.040		$\sum \Delta X_i = 115.339$ m		$\sum \Delta Y_i = 315.458$ m	

4.8.4　閉合差・閉合比の計算

合緯距の誤差： $\varepsilon_l = X_B - X_A - \sum \Delta X_i = +90505.709 - (+90390.365) - 115.339$
$= +0.005\,\mathrm{m}$

合経距の誤差： $\varepsilon_d = Y_B - Y_A - \sum \Delta Y_i = -24870.294 - (-25185.740) - 315.458$
$= -0.012\,\mathrm{m}$

閉合差： $\varepsilon = \sqrt{\varepsilon_l^2 + \varepsilon_d^2} = 0.013\,\mathrm{m}$

閉合比： $R = \dfrac{\varepsilon}{\sum S_i} = \dfrac{0.013}{371.040} \sim \dfrac{1}{29000}$

4.8.5 調整量の計算

合緯距，合経距の誤差を，区間長に比例して配分する．たとえば，測線 A→2 間の調整量は，路線長全体の 371.040 m 分の 130.695 m なので，緯距の補正量を $A2_l$ と記すと，

$$A2_l = \varepsilon_l \times \frac{S_1}{\sum S_i} = (+0.005) \times \frac{130.695}{371.040} = +0.00176 \,\mathrm{m}$$
$$\sim +0.002 \,\mathrm{m}$$

経距の補正量は，

$$A2_d = \varepsilon_d \times \frac{S_1}{\sum S_i} = (-0.012) \times \frac{130.695}{371.040} = -0.00423 \,\mathrm{m}$$
$$\sim -0.004 \,\mathrm{m}$$

などとなる．

測線 2 → 3 間，測線 3 → B 間も同様に求め，以上をまとめて，緯距，経距の調整量と，調整後の緯距，経距は，表 4.24 のようになる．

表 4.24　調整後の緯距と経距の計算結果

測 線	緯距調整量 [m]	経距調整量 [m]	調整緯距 [m]	調整経距 [m]
A → 2	+0.002	−0.004	32.489	126.589
2 → 3	+0.001	−0.004	−21.308	103.500
3 → B	+0.002	−0.004	104.163	85.357
計	+0.005	−0.012		

4.8.6 合緯距・合経距の計算

トラバース点 A を原点として，調整済みの緯距，経距を用いて，表 4.25 のように計算できる．

表 4.25　合緯距・合経距の計算結果

測 線	調整緯距 [m]	調整経距 [m]	合緯距 [m]	合経距 [m]
A → 2	+32.489	+126.589	+32.489	+126.589
2 → 3	−21.308	+103.500	+11.181	+230.089
3 → B	+104.163	+85.357	+115.344	+315.446

4.8.7 各トラバース点の座標の計算

また，これらから，各トラバース点の座標は，以下のように次々と計算できる．
X 座標：

$$X_2 = X_A + \Delta X_A = +90390.365 + 32.489$$
$$= +90,422.854 \text{ m}$$
$$X_3 = X_2 + \Delta X_2 = +90422.854 + (-21.308)$$
$$= +90,401.546 \text{ m}$$
$$X_B = X_3 + \Delta X_3 = +90401.546 + 104.163$$
$$= +90,505.709 \text{ m} \leftarrow 93 \text{ ページの問題文の } X_B \text{ と一致}$$

Y 座標：
$$Y_2 = Y_A + \Delta Y_A = -25185.740 + 126.589$$
$$= -25,059.151 \text{ m}$$
$$Y_3 = Y_2 + \Delta Y_2 = -25059.151 + 103.500$$
$$= -24,955.651 \text{ m}$$
$$Y_B = Y_3 + \Delta Y_3 = -24955.651 + 85.357$$
$$= -24,870.294 \text{ m} \leftarrow 93 \text{ ページの問題文の } Y_B \text{ と一致}$$

となる．

以上をまとめて，最終座標は，表 4.26 のようになる．

表 **4.26** 最終的なトラバース点の座標値

測　点	X 座標 [m]	Y 座標 [m]
A	$+90,390.365$	$-25,185.740$
2	$+90,422.854$	$-25,059.151$
3	$+90,401.546$	$-24,955.651$
B	$+90,505.709$	$-24,870.294$

4.9　三角測量

　三角測量は，測量区域を適切な大きさの三角形で覆い，与えられた三角点（与点）より新たな三角点の位置と標高を求めるものである．そして，三角測量は基本測量（国土交通省国土地理院で行う測量）で使われることが多く，測量地域は大規模である．大規模な地域での骨組みをつくる測量であるため，角度の観測，距離の観測には測定精度を維持するために，相応の器械・器具と観測手法が実施される．

4.9.1　三角形の配列と基線

（1）三角網と三角鎖

　三角形の配列は，図 4.17 のように，図 (a) 三角網によるものと，図 (b) 三角鎖によるものとがある．三角網は，測量区域全体を適当な密度の三角形で覆ったもので，地

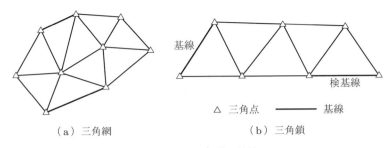

(a) 三角網　　　　　　　(b) 三角鎖

図 **4.17**　三角形の配列

形測量に適しており，三角鎖は細長い地域の測量である路線測量，河川測量などに適している．

（2）基線と検基線

　三角形の内角をすべて測量しても，いずれか一つの辺の距離が測量されていないと三角形を決定できない．そのために，基線，検基線を実測する．三角形の1辺（基線）と二つの内角がわかれば，正弦定理により順次すべての辺長が計算できる．観測角の誤差により，計算で求めた辺長は実測した検基線によって検定できる．この誤差を配分して，精度の高い三角点の座標を得ることを，観測値の平均計算という．したがって，基線，検基線は高い精度の測定が必要となる．そのためインバール尺（ニッケルとクロムの合金で線膨張係数が小さい）を使用し，たるみのない水平な状態で，温度測定および所定の張力をかけて測定される．また，長い距離（500 m 以上）には光波測距儀が利用される．

4.9.2　平均計算

　観測値には必ず誤差が含まれるので，各観測角を調整し，幾何学的，図形的な条件を満足するように観測角を調整する必要がある．図 4.18 に示すように，次の条件を満足しなければならない．

Ⅰ）**測点条件**：1測点の周りにある各角相互間の関係を示す条件であって，①1測点における各角の和は，その全角を1角として測定した角度に等しい，②1測点の周りの内角の和は 360° に等しい（図 4.18(a)）．

Ⅱ）**図形条件**：三角網が閉合図形を形成するために必要な条件であって，①三角形の内角の和は 180° に等しい，②正弦定理によって計算された三角網の辺長は計算の順序にかかわらずつねに同じでなければならない（図 4.18(b)）．

　Ⅱ）の①に関するものを角方程式といい，②に関するものを辺方程式という．以上で述べた条件を満足するように，角方程式，辺方程式を立てて平均計算が行われる．角方程式を満たし，次に辺方程式を満たしていく方法と，両方程式を同時に満たす厳密な方法とがある．

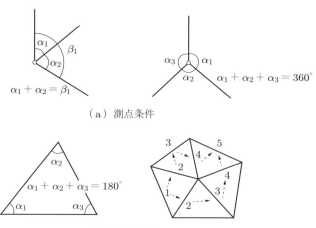

図 **4.18**　測点条件と図形条件

4.10　三辺測量

3辺が測定されると，角を知ることなく三角形が決定できることを利用した測量である．したがって，長い距離を正確に測定する必要がある．以前は長い距離を正確に測定することができなかったので，理論のみが存在した時代があったが，現在では光波測距儀が急速に進歩し，測距精度が測角精度を上まわるようになり利用されるようになってきた．

4.10.1　三辺測量の条件

三辺測量は，3辺を測量することで一義的に三角形が決まってしまうので，観測値を規制する条件が得られない．そこで，図形と形を決めるのに必要な辺の測定以外に，図 4.19 にみるように余分な辺の測定数を得るように観測網を工夫する必要がある．

図 4.19(a) において，3辺を測定すれば三角形は決まる．図 (b) のように新点 D を追加すると，CD，BD の 2 辺を測定すれば新たな三角形が決まる．この関係は次のよ

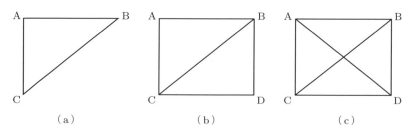

図 **4.19**　三辺測量

うになる．

$$n = 2p - 3 \tag{4.13}$$

ここに，n：測辺の数，p：三角網の点の数，である．

しかしながら，余分な測定がないので測定誤差を検出できない．そこで，図 (c) のように AD を測定すると条件が 1 個生じる．条件数 C は，三角網に含まれる点の総数 p において，その点間で m 辺の距離測量を行った場合は，

$$C = m - n = m - (2p - 3) \text{ 個}$$

生じることになる．

4.10.2 観測方程式と調整計算

いま，点 i，点 j の距離を測定し l_{ij} を得た．誤差を含んだ点 i，点 j の近似座標を (X_i, Y_i)，(X_j, Y_j) とすると，

$$S_{ij}{}^2 = (X_i - X_j)^2 + (Y_i - Y_j)^2 \tag{4.14}$$

S_{ij} も当然に誤算を含んでいる．これを全微分すると，

$$S_{ij}(dS_{ij}) = (X_i - X_j)(\delta X_i - \delta X_j) + (Y_i - Y_j)(\delta Y_i - \delta Y_j) \tag{4.15}$$

となる．

距離の誤差 dS_{ij} は，

$$dS_{ij} = \frac{(X_i - X_j)}{S_{ij}}(\delta X_i - \delta X_j) + \frac{(Y_i - Y_j)}{S_{ij}}(\delta Y_i - \delta Y_j) \tag{4.16}$$

距離の最確値を L_{ij} とすると，

$$L_{ij} = S_{ij} + dS_{ij} \tag{4.17}$$

となる．

$$A_{ij} = \frac{(X_i - X_j)}{S_{ij}}, \quad B_{ij} = \frac{(Y_i - Y_j)}{S_{ij}}, \quad C_{ij} = S_{ij} - l_{ij}$$

とすると，実測値 l_{ij} との残差 ΔL_{ij} は，

$$\begin{aligned}\Delta L_{ij} &= L_{ij} - l_{ij} = S_{ij} + dS_{ij} - l_{ij} \\ &= A_{ij}(\delta X_i - \delta X_j) + B_{ij}(\delta Y_i - \delta Y_j) + C_{ij}\end{aligned} \tag{4.18}$$

これが観測方程式であり，観測方程式は実測距離一つに対して一つ得られる．次に，これらの観測方程式群と最小自乗法の条件より，補正量 δk を求める．これを調整計算という．この方程式は n 元の連立方程式であり，n の数は δk の数と同じである．次

式の最小自乗法により，補正量 δk を求めることができる．

$$\frac{\partial(\sum p_{ij}\Delta L_{ij}{}^2)}{\partial(\delta k)} = 0 \tag{4.19}$$

ここに，δk は δX_i，δX_j，δY_i，δY_j のことであり，p_{ij} は重みであり，距離の逆数を用いる．

例題 4.1

図 4.20 の既知点 1，3 より点 2 までの距離 l_{12}，l_{23} を測定した．点 2 の位置を求めよ．
① 既知の 2 点から点 2 の近似座標として，$(49.000, 168.000)$ を得たとする．
② 計算に必要な距離と座標の条件は表 4.27 とする．
③ 表 4.27 の値を用いて $S_{ij} \sim C_{ij}$ を計算すると表 4.28 を得る．
④ 点 1，点 3 は既知点なので，重み $p_{13} = 1.000$ とすると，$\delta X_1 = 0$，$\delta X_3 = 0$，$\delta Y_1 = 0$，$\delta Y_3 = 0$ である．誤差は δX_2，δY_2 のみ存在する．δX_2，δY_2 は最初に与えた近似座標 (X_2, Y_2) のもつ誤差である．ΔL_{ij} を求めると，

$$\Delta L_{12} = 0.999\delta X_2 + 0.019\delta Y_2 - 0.836$$
$$\Delta L_{32} = -0.174\delta X_2 + 0.985\delta Y_2 - 0.160$$

となる．

⑤ 重み $p_{13} = 1.000$ とすると，$p_{12} = 1.267$，$p_{32} = 1.957$ である．

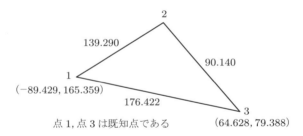

点 1，点 3 は既知点である

図 4.20 三角測量の例題

表 4.27 計算に必要な距離と座標

$i \sim j$	l_{ij}	X_i	X_j	Y_i	Y_j
1〜2	139.290	−89.429	49.000	165.359	168.000
3〜2	90.140	64.628	49.000	79.388	168.000

表 4.28 $S_{ij} \sim C_{ij}$ の計算結果

$i \sim j$	S_{ij}	A_{ij}	B_{ij}	C_{ij}
1〜2	138.454	−0.999	−0.019	−0.836
3〜2	89.980	0.174	−0.985	−0.160

式 (4.19) より，

$$1.324\,\delta X_2 - 0.311\,\delta Y_2 - 1.004 = 0$$
$$-0.310\,\delta X_2 - 1.899\,\delta Y_2 - 0.329 = 0$$

となり，連立方程式を解くと，次式となる．

$$\delta X_2 = 0.830$$
$$\delta Y_2 = 0.309$$

よって点 2 の座標は，

$$X_2 + \delta X_2 = 49.000 + 0.830 = 49.830$$
$$Y_2 + \delta Y_2 = 168.000 + 0.309 = 168.309$$

となる．

＋＋ 演習問題 4 ＋＋

4.1 三角測量，三辺測量の特徴について述べよ．
4.2 トラバース測量の特徴について述べよ．
4.3 トラバースの種類を述べ，測量の精度を確認できるかどうかを判定せよ．
4.4 トラバース測量の作業の流れ図を示せ．
4.5 トラバースの調整計算の順序を箇条書きにして述べよ．
4.6 角方程式および辺方程式について述べよ．
4.7 三辺測量が近年多く実施されるようになった時代背景を述べよ．

第5章
地形測量

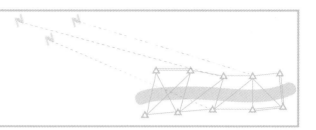

5.1 概　要

　第4章で前述したように，トラバース測量によって位置が決定できる．地形測量では，トラバース点を基準として地図を作成する．これを平板測量といい，測板を現場にもち込み，現場で直接地図を描く方法である．

　トラバース測量を先に実施して，トラバース点（骨組み点）を基準にして，その周辺を図化するのは，ひずみを極力避けようとするためである．したがって，さほどの精度を要求されない地図を作成するときは，トラバース測量を実施しないで，平板測量で骨組み（細部図根点測量）をつくりながら地図を作成することもある．一般的な測量では，測量の主となる領域にはトラバース測量を実施し，その周辺領域を細部図根点測量の方法を用い，精度の高い地図としての体裁を整えることが多い．なお，平板測量の特徴は，以下のとおりである．

① 現場で直接地形を図化するので，測量の過失が少なく，測量の過不足が起こりにくい．
② 一般に，内業を必要とせず，現場の外業のみで終わる．
③ 器械の取扱いが容易である．
④ 主として外業が多いので天候に左右され，雨天時には作業できない．

5.2 平板測量用の器材

　平板測量に使用する器材を図5.1に示す．測板，三脚，製図用紙，アリダード，求心器，磁針，ポール，巻尺，筆記具などである．アリダード，求心器，磁針はセットで箱に納まっている．木箱のものが一般的であるが，最近は図にみるような箱に入ったものもある．

（1）測　板

　測板はその表面に製図用ケント紙を貼り，測量の結果を図化していくための台である．表面はなめらかで，そりのこないよく乾燥したひのきの板，または合板でつくら

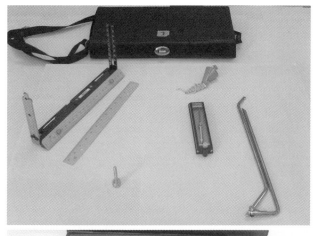

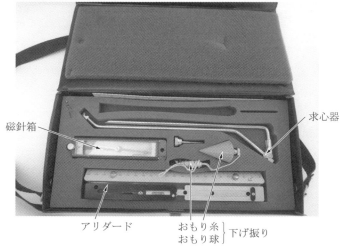

図 5.1　平板測量用の器材

れている．測板には表 5.1 のようなものがある．通常，中測板が使用される．測板の裏には三脚を取り付けるための小穴があいており，三脚の金具によって固定される．

表 5.1　平板の種類と大きさ

種　類	大きさ [cm]
地形測板	32 × 28
小測板	40 × 30
中測板	50 × 40
大測板	60 × 60

(2) 三　脚

図 5.2 にみるように，木製の軽くて丈夫な割足三脚が用いられる．頭部には測板を取り付けるための金具がついており，整準（水平にすること），移心（ずらすこと）が可能で，締め付けねじを緩めることで回転ができるようになっているものが一般に使用される．

図 5.2　三脚

(3) 製図用紙

製図用紙は，伸縮の少ない丈夫なものがよい．製図用ケント紙，アルミ箔ケント紙，あるいは，最近ではマイラーと称するフイルム状の用紙が使用されている．製図用紙を測板に張り付けるには，周囲を製図用セロハンテープで固定し，作業期間中決してずれないようにしておかなければならない．

(4) アリダード

アリダード（示方規）は，測板に載せて，目標に立てたポールを視準し，その方向線を定め，巻尺で測定した目標点までの距離を，所定の縮尺で図上にプロットするための器具である．また，間接的に距離，高低差を求めることもできる．

図 5.3 に示すように，視準板，気泡管，水準器，外心桿(かん)（整準子）などからなっている．

- Ⅰ) **視準板**：後視準板は中央が引き出せ，引き出し板には 3 個の視準孔があり，一定の目盛が付けられている．前視準板は長方形の枠の中に視準糸を張ったものであり，視準孔と視準糸を通して目標を視準する．前視準板にも後視準板と同様の目盛がついており，高低差と距離を求めることもできる．後視準板の中央が引き出せるのは，目標を俯角，仰角の状態でも視準できるようにするためである．
- Ⅱ) **定規**：本体の斜面に，縮尺目盛の定規が取り付けてある．この目盛は取り換え

図 5.3 アリダード

ることができ，1/100，1/300，1/500 などの縮尺目盛を取り付けることで，巻尺で測定した距離を即図上にプロットすることが可能である．

Ⅲ）外心桿：外心桿を引き起こすことで，アリダードを水平にする装置である．

（5）求心器

地上の点（通常はトラバース点）と測板上の点を，同一鉛直線中に正しく一致させるために用いるものである．

（6）ポール

目標点に立て，視準孔と視準糸を通して目標を視準しやすくするものである．また，20 cm 間隔で赤，白に塗られているので，物差の役目も果たす．

（7）筆記具

平板測量に用いる鉛筆は黒色で，粒子が微細で均一であり，0.1 mm 以内の線を図上に表示できる必要がある．3H から 4H の硬さの鉛筆が使用される．つねに鉛筆の芯をとがらせていないと，0.1 mm 以内の線が記入できないので，小刀は必需品となっている．

5.3 平板の据え付け方

平板測量を行うには，平板を測点（トラバース点）に据え付けなければならない．平板の据え付けには，致心，整準，定位の三つの条件を満足させる必要がある．三つの条件を満足させることを平板の標定という．

(1) 致　心

測板上の測点とそれに対応する測点とが同一鉛直線上にあるようにすることを，致心という．移心装置によって測板をずらして行う．

(2) 整　準

図 5.4(1) のように，整準ねじ a, b を結ぶ直線上にアリダードを置き，アリダードに付いている気泡管を用いて水平にする．次に (2) のように (1) と直角の位置にアリダードを移し，整準ねじ c を用いて水平にする．さらに，(1) の状態に戻して水平であるかどうかを確認する．かつ，どの方向においても気泡が動かないことを確認することが必要である．動くようであれば，同じ手順を繰り返す．

図 5.5(a) は上述の整準ねじを利用する三脚であり，図 (b) の三脚は頭部が半球形をしていて，締め付けねじを緩めて整準を調整できるようになっている．

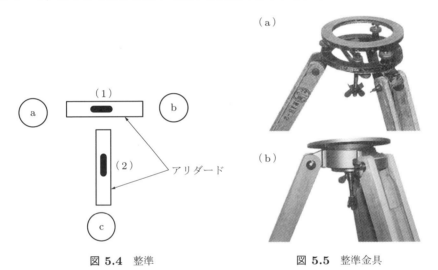

図 5.4　整準　　　　　　　　図 5.5　整準金具

(3) 定　位

図 5.6 に示すように，平板上の測点（トラバース点）a と地上のトラバース点 A を致心させ，次に a, b の視準線上にトラバース点 B がくるように，平板を回転させて固定する．アリダードを置き換えて，a, c の視準線上に地上のトラバース点 C があることを確認する．トラバース測量の精度を満たしている場合は問題なく実施できるので，定位がうまくいかない場合は展開図における測点のプロットミスの可能性がある．

三つの条件の一つを満足するように平板を動かすと，前に満足した二つの条件が崩れることがあるので，致心，整準，定位は繰り返し行うことになる．致心，整準，定位を行うことにより，平板上に展開されているトラバース点と地上のトラバース点は

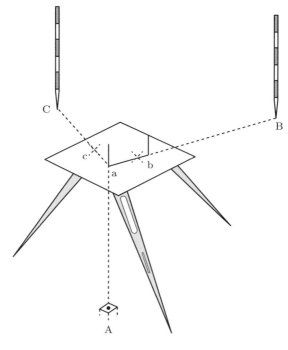

図 5.6　定位

完全に一致するので，次にトラバース点周辺の建物，道路，マンホールなど必要な地物をアリダードを用いて視準し，測点からの距離を測定する．以上の手順により地図を作成することができる．

5.4　平板測量の作業

　前節までに述べた平板測量は，トラバース測量を実施していることを前提としている．したがって，トラバース測量によって骨組みができているので，平板測量で肉付けして地図をつくる．これは，極力ねじれを防いで精度の高い地図をつくるためである．
　測量では，要求される精度によって臨機応変に対応する必要がある．精度はある程度劣るとしても，大至急に小地域の地図が必要となることが起こる．その場合には，現場に平板をもち込み，その場で骨組みと肉付けを行って地図を作成することもできる．本節では，そのような方法について述べる．
　当然のことであるが，一つの現場において，トラバース測量により骨組み測量を行い，次に平板測量によって地図を作成する方法と，直接に平板をもち込んで平板上で骨組みと肉付けを行って地図を作成する方法が混在することはしばしば起こる．

5.4.1 放射法

図 5.7 のように，地上の点 O に平板を標定し，地上点 O を平板上にプロットする．地上点 O を中心として見渡せる，地上点 A, B, C, D, E に杭を打ち込み，アリダードで視準し，距離を測定して所定の縮尺で図上に，点 A, B, C, D, E に対応する図上点，a, b, c, d, e をプロットする方法を放射法という．この方法は点 O から見通すことができ，距離を測定できる領域でのみ用いられる．

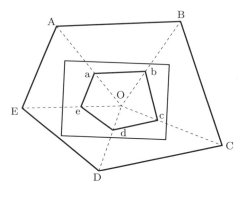

図 5.7 放射法

5.4.2 導線法

図 5.8 に示すように，地上点 A に平板を標定し，地上点 A を平板上にプロットする．アリダードを用いて図上点 a より地上点 B を視準し，距離を測定して図上に点 b をプロットする．このとき，念のため地上点 C も視準し方向線のみ記入しておく．次に，地上点 B に平板を移し，地上点 A と点 C を視準し，BC 間の距離を測定し，図上

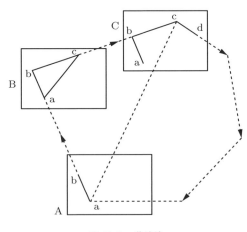

図 5.8 導線法

に点 c をプロットする．このとき，先に実施した図上点 a から点 c への方向線も一致していることも確認する．以下同様の方法で，C，D，E と進んでいく．しかし，一巡して地上点 E から地上点 A を視準したときを a' とすると，aa' の誤差が生じる．この誤差を閉合差という．

閉合差は次のように処理する．

$$aa' = \varepsilon, \quad abcdea' = L$$

とすると，閉合比は $R = \varepsilon/L$ で与えられ，誤差の配分は，

$$\begin{aligned}
bb' &= R \times ab \\
cc' &= R \times (ab + bc) \\
&\vdots \\
ee' &= R \times (ab + bc + cd + de)
\end{aligned} \tag{5.1}$$

で計算される．閉合比は制限値が決められている．

5.4.3 前方交会法

図 5.9 のように，地上点である A，B を既知点（放射法などで決める）として，地上点の求点 P を決定する方法を前方交会法という．

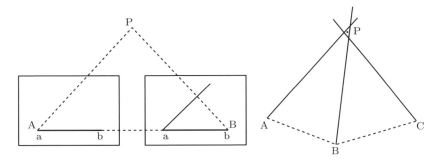

図 5.9 前方交会法

点 A から点 B を視準し，かつ，点 P を視準し方向線のみ記入する．次に，平板を点 B に移し，点 B より点 A を視準し，かつ，点 P を視準して方向線を記入すると，交会点として点 P を決めることができる．また，求点 P を正確に求めるときは，3 点 A，B，C より視準して点 P を求める．このとき，1 点で交わらなければ三角形ができる．この三角形を示誤三角形という．示誤三角形が小さいときは，三角形の中央に求点 P があるものとする．

5.4.4 側方交会法

図 5.10 に示すように，地上点である A，B を既知点として，地上点の求点 P を求

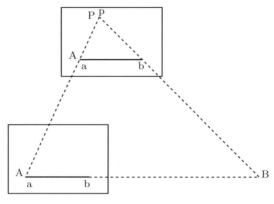

図 5.10 側方交会法

める方法を側方交会法という．点 A から点 B を視準し，次に点 P を視準し，その方向線を記入する．その後，前方交会法とは異なって，点 P に平板を移し，点 A，点 B を視準して，図上に点 p を決める．点 P に対応する図上の点 p は線 ap 上に仮定した点である．次に点 P に平板を据え，線 pa に合わせて点 A を，線 pb に合わせて点 B を視準する．合わなければ図上の点 p を再仮定して，上述の操作を繰り返す．通常は 2〜3 回で合致する．

5.4.5 後方交会法

図上の 3 点 a，b，c が既知点であり，これらの関係位置を利用して，地上点の求点 D に対応する図上点 d を求める方法をいう．

- Ⅰ）**透写紙法**：だいたいの見当で，地上点 D に相当する位置に平板を据え付け，図上点 d′ を透写紙に記入する．点 d′ を中心にして地上点 A，B，C を視準し，それぞれの方向線を記入する．この透写紙を適当に測板上でずらし，それぞれの方向線を図上点 a，b，c に一致させると，そのときの点 d′ が地上の点 D に対応する点 d となる．
- Ⅱ）**レーマン法，ベッセル法など**：操作に時間がかかり，実用的でないのでここでは取り上げない．

5.5 測量に用いる製図

測量の成果品の一部として，図面が作成される．たとえば，平板測量では現場において第一原図が作成され，その後第二原図，第三原図として製図がなされる．製図には，鉛筆で書かれたもの，インキングされたもの，CAD を使用したものなどがある．いずれにしても，下記の項目を満足するように製図を実施する必要がある．

(1) 製図の目的

図面を作成するものが，図面を使用するものに正確にかつ容易に情報を伝達するために製図がなされる．測量においては，社会基盤の整備のために必要な調査・計画・設計・施工および施設の維持管理にかかわるので，あいまいな解釈が生じないように注意を払うことが重要である．

(2) 図面の種類

一般図は，構造物全体の内容を理解するために作成される．縮尺には，1:100，1:200，1:250，1:500などが用いられる．次に，構造図とは部材寸法や溶接などの組み立て方を示すためにつくられ，必要により，さらに細部を示す詳細図が作成される．

(3) 図面の大きさと様式

表5.2に示されるように，用紙は一般的にA判が使用される．図面には，太さ0.5mm以上の実線により輪郭線を設ける．輪郭の幅は，使用する用紙によって異なるが，図5.11の様式が用いられている．輪郭線は，用紙のふちから生じる損傷が記載内容へ入りこむのを抑える効果がある．

表 5.2 用紙の大きさ

単位 mm

用紙の大きさ		A0	A1	A2	A3	A4
$a \times b$		$841 \times 1,189$	594×841	420×594	297×420	210×297
c		20	20	10	10	10
d（最小）	綴じない場合	20	20	10	10	10
	綴じる場合	25	25	25	25	25

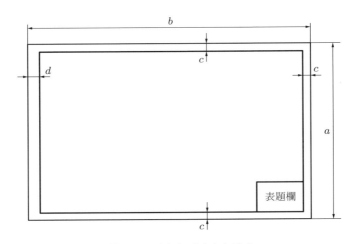

図 5.11 図面の大きさと様式

(4) 表題欄

図面の右下隅の内側に表題欄を設け，以下の例に示すように図面の管理上で必要な事項を記入する．

記入例としては，図面番号，対象となった図の名称，図面作成年月日，尺度，組織名，責任者の署名などを記入する．

(5) 尺　度

尺度の表し方は次による．

現尺の場合…尺度 1 : 1, 倍尺の場合…尺度 X : 1, 縮尺の場合…尺度 1 : X

誤読の恐れがない場合は，用語 "尺度" を省略しても良い．

縮尺の種類には，標準的に次のものがあるが，やむを得ない場合はその中間の縮尺を採用してもよい．

　　　1 : 2　1 : 5　1 : 10　1 : 20　1 : 50　1 : 100　1 : 200
　　　1 : 500　1 : 1,000　1 : 5,000　1 : 10,000

(6) 線

図面を描く線は，明確にくっきりと描くとともに太さが一定となるようにする．通常，3種類の太さの線を用いると明瞭な図面が作成できる．その太さの比率は，細線1に対し太線2，極太線では4が望ましい．太さの基準は，0.18, 0.25, 0.35, 0.5, 0.7, 1.0, 1.4, 2.0 mm とする．その用途を表 5.3 に示す．

表 5.3　線の種類と使用法

線の種類	用途による名称	線の用途
────────	外形線	対象物の見える部分を表す
────────	寸法線 引出線 水準面線	寸法を記入するのに用いる 記述・記号などを示すのに用いる 水面，液面などの位置を表す
− − − − − − −	かくれ線	対象物の見えない部分を表す
−・−・−・−・−	中心線 基準線	図形の中心を表すのに用いる 位置決定の基準を示すのに用いる

線が相互に近接するように描くとき，原則的に線の間隔は次による．

① 平行線の間隔は線の太さの3倍以上とする．また，線と線の隙間は 0.7 mm 以上とする．
② 密集する交差線の場合には，交差点の空間が線の太さの4倍以上とする．
③ 多数の線が一点に集中するときには，線の太さの約3倍になる位置で線をとめ，点の周囲をあけるのが望ましい．

(7) 実　例

実際の製図例を図 5.12 に示す．

＋＋ 演習問題 5 ＋＋

5.1 平板測量の特徴を述べよ．
5.2 平板測量に用いる器材を列挙せよ．
5.3 平板の標定作業について述べよ．
5.4 トラバース測量を実施しないで，ただちに平板測量を実施するのはどのようなときかを述べよ．

116 第5章 地形測量

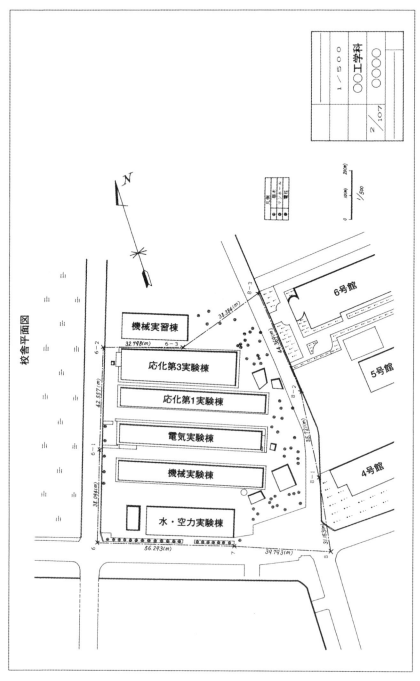

図 5.12 校舎平面図

第6章

応用測量

6.1 路線測量

6.1.1 概　要

　路線測量とは，線状の構造物の建設に必要な資料を得るために実施する測量である．そのおもなものは，道路・鉄道・運河・索道などで，計画調査・実施設計が対象となる．この作業の内容は，概略の路線計画に従って地形図を作成して，路線の選定の資料をつくり，計画線の中心路線を選定する．これにより，路線の実施設計に必要な地形図および縦断面図，横断面図を作成し，設計に従って現地に中心線とその他必要な地点の設置と測量を行う．

6.1.2 路線測量の作業

（1）予備調査

　既存の地形図などを用いて可能性のある路線を計画し，それらの路線の良否を検討する作業を，予備調査または路線計画という．この予備調査では，図上における検討と現地での踏査に分かれる．図上の検討は，路線の種類や目的に応じた人や物資の流動について，路線開通後の変化，将来の発展を考慮して行う．その際に，予定地を詳しく調査するために，踏査（または現地調査という）として，路線計画の段階で地形図あるいは航空写真上で選定した比較路線について現地を歩いて調査し，地形や地質，渡河点，トンネルの位置などから，下記の事項に配慮しながら比較検討する（図6.1

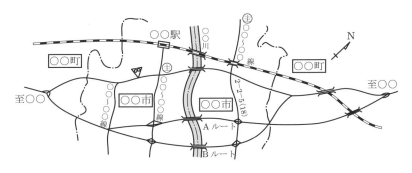

図 **6.1**　予備調査の実例

参照).
① 最短路線を選ぶのは理想ではあるが，必ずしも最良案とはいえない．
② 用地費や家屋移転費などを，できるだけ安くしなければならない．
③ 道路と鉄道とは，平面交差を避けなければならない．
④ 建設費を安くするように考慮しなければならない．
⑤ 湿地や沼地などは避けなければならない．
⑥ 山地や多雪地では日当たりのよいところを選んで，開通後の維持管理に要する費用を抑えるようにしなければならない．

(2) 計画線調査

予備測量による有望な路線のなかから，最も適した路線を計画線として決める．その計画線の中心線に沿って測量し，縦断測量，横断測量，平面測量などを行う．計画線調査ではトラバース測量で，測角はトランシットの偏角法で，測距はスタジア法によることが多い．縦断測量では，計画線に沿って $100 \sim 200\,\mathrm{m}$ ごとにレベルで地盤高を求める．横断測量では，通常，ハンドレベル（簡易型の水準器）を用いて地盤高を求めて，中心線に直角に横断面を測量する．計画線の縦断図と横断図とも，普通の場合に，縦は $1/200 \sim 1/500$，横は $1/2,500 \sim 1/5,000$ の縮尺を用いることが多い．平面測量では，計画線に沿って，計画路線の幅員の $5 \sim 10$ 倍の範囲で地形測量を行い，$5 \sim 10\,\mathrm{m}$ 間隔の等高線を記入する．この平面図は，通常の場合 $1/2,500 \sim 1/5,000$ の縮尺を用いる．

(3) 実測調査

計画線調査の結果により決定した，道路・鉄道・運河・索道などの実施設計について，現地で中心線を地上に設定し，詳細な測量から縦横断図を作成し，これに施工基面を入れて，設計縦断面と設計横断面を決定する．これにより，土工量や用地面積を確定し，橋梁やトンネルなどの構造物の設計に取り掛かり，建設費を見積もる．これらの実施設計に必要で，かつ，正確な資料を得るための測量を実測調査という．実測調査では，現場で真の中心線を決定し，縦横断図により用地の幅杭を設定する．普通の規模の工事では，$1/1,000$ の縮尺の精度の高い地形図を作成することが多い．

(4) 用地測量および工事測量

設定された用地の幅杭により，路線に必要な用地が決定され，所要の用地測量が行われる（6.3節参照）．工事に着工する前には，施工上必要な工事測量が行われる．なお，簡易な工事については，$1/5,000$ 程度の地形図で踏査し，計画線調査を行わずに，いきなり実測調査の中心線測量を行い，用地幅員を決めることがある．

6.1.3 平面曲線の設置

路線は，平面上において，直線と曲線，または曲線と曲線とから成り立っている．方

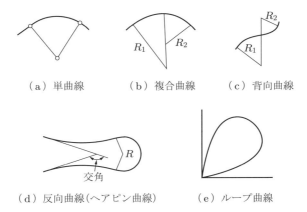

(a) 単曲線　　(b) 複合曲線　　(c) 背向曲線

(d) 反向曲線(ヘアピン曲線)　　(e) ループ曲線

図 6.2　平面曲線の種類

向が変わるところに曲線を挿入して 2 直線を結びつける．これを，平面曲線または水平曲線といい，通常は円曲線を用いる．平面曲線は曲線半径で表し，図 6.2 に示すような種類がある．

平面曲線を通過するときは，遠心力（P）で外側へ投げ出されるような力がはたらく．よって，内側の車輪が通過する面を低くし，車両重量（G）と遠心力の合力が路面（軌道面）と直角となるように，外側の面を高くしてこれと対抗するような傾斜（カント，角度 α）を設置する（図 6.3 参照）．

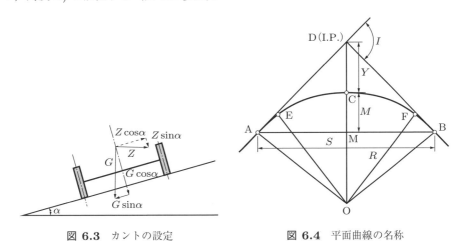

図 6.3　カントの設定　　　　図 6.4　平面曲線の名称

平面曲線各部の名称および略号を示す（図 6.4）．

ここに，A = 緩和曲線始点 (beginning of transition curve)　　B.T.C.
　　　　B = 緩和曲線終点 (end of transition curve)　　　　　　E.T.C.
　　　　C = 曲線の中心 (secant point)　　　　　　　　　　　　S.P.

D = 交点 (intersection point)		I.P.
E = 円曲線始点 (beginning of circular curve)		B.C.C.
F = 円曲線終点 (end of circular curve)		E.C.C
I = 交角 (intersection angle)		I
AD, BD = 接線長 (tangent length)		T.L.
R = 曲線半径 (radius of curve)		R
DC = 外線長 (external secant)		Y
弧 ACB = 曲線長 (curve length)		C.L.
AE = 緩和曲線長 (transition curve length)		T.C.L.
AB = 弦長 (long chord)		S
CM = 中央縦距 (middle ordinate)		M

図 6.4 から中心角と曲線半径を用いることで次の関係が求められる．

$$\text{曲線長}\cdots\cdots\text{C.L.} = RI \quad (I \text{ の単位は rad})$$
$$= RI\pi/180° = 0.01745RI\ [°]$$
$$\text{接線長}\cdots\cdots\text{T.L.} = R\tan(I/2)$$
$$\text{弦長}\cdots\cdots\cdots S = 2R\sin(I/2)$$
$$\text{外線長}\cdots\cdots Y = R\{\sec(I/2) - 1\}$$
$$\text{中央縦距}\cdots\cdots M = R\{1 - \cos(I/2)\}$$

実際に曲線設置を行う場合には，交点 I.P. および交角 I はあらかじめ決定されている．また，現地に応じて適切な曲線半径 R を設定できるか，または点 C の位置が決まっていれば，曲線半径 R を決めることができるので，各種の値を求めることができる．

6.1.4 単曲線の設定法

計画に従って始点と終点からそれぞれ中心線を定め，交点 I.P. を求める．次に，曲線の中心 C をおおよそ決めることで外線長 Y が定められ，交角 I を測定すると，外線長の関係式より曲線半径 R が設定できる．これから，曲線長 C.L.，接線長 T.L. などを定めることができる．ここでは，円曲線の始点 B.C.C. から終点 E.C.C. までの間の設定方法について述べる．

（1）偏角設置法

偏角設置法は，道路や鉄道など円曲線の設定で一般的に用いられている方法である．始点 A (B.C.C.) にトランシットを据え，20 m ごとに，偏角と，巻尺で距離（弦長）を測定し，中心杭を打っていく．図 6.5 において，中心角 ∠AOP は偏角 δ の 2 倍の関係にあるので，$l = \stackrel{\frown}{\text{AP}}$ とすると，次式となる．

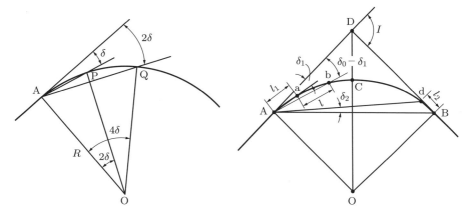

図 6.5 偏　角　　　　　図 6.6 偏角設置法

$$\delta = \frac{l}{2R}\,[\text{rad}] = 1718.87\frac{l}{R}\,[']\tag{6.1}$$

図 6.6 に示すように，杭間の距離が一定な弧 ab，弧 bc，… を l，短い弧 Aa $= l_1$，短い弧 dB $= l_2$ とすると，これらに対応する偏角は，

$$\delta_0 = 1718.87\frac{l}{R},\quad \delta_1 = 1718.87\frac{l_1}{R},\quad \delta_2 = 1718.87\frac{l_2}{R}\tag{6.2}$$

ここで，δ_1 は最初の短弦 (l_1) に対する偏角を表し，δ_2 は最後の短弦 (l_2) に対する偏角を表す．

（2）中央縦距法

この方法は，図 6.7 に示すように，弦の中央 M から垂線を立て，中央縦距 M_1 を測って中心杭を設置するもので，順次 2 等分した点を求め，$M_2, M_3, \cdots$ を設置する．ここで，$M_1, M_2, M_3, \cdots$ は次式から求められる．

$$M_1 = R\left(1-\cos\frac{I}{2}\right),\quad M_2 = R\left(1-\cos\frac{I}{2^2}\right),\quad M_3 = R\left(1-\cos\frac{I}{2^3}\right)\tag{6.3}$$

この方法は，一定の弦長に対する中央縦距は，曲線上どの位置でもつねに一定であることを利用して曲線の整正をする方法で，広く利用されている．

（3）障害物があるときの曲線設置の方法

建造物などで見通しが妨げられたり，河川，湖沼があって，トランシットなどの測量機器の据え付けが困難なときに，下記のように曲線設置が行われる．

Ⅰ）交点付近に障害物がある場合：図 6.8 に示すように，交点付近に建造物などの

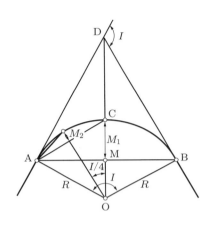 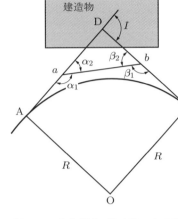

図 6.7 中央縦距法　　**図 6.8** 交点付近に障害物のある場合の曲線の設置方法

障害物があり，交点 D から円曲線始点 A (B.C.C.) を定めることができない場合に，接線上にあって，互いに見通しのきく点 a と点 b をとり，α と β，および長さ Aa と Bb を測定して，以下の計算によって交点 D の交角 I を求める．

$$I = \alpha_2 + \beta_2 \tag{6.4}$$

$$\alpha_2 = 180° - \alpha_1 \tag{6.5}$$

$$\beta_2 = 180° - \beta_1 \tag{6.6}$$

次に，以下の計算によって Aa を求め，点 a から円曲線始点 A (B.C.C.) を定める．

$$\mathrm{A}a = \mathrm{T.L.} - \mathrm{D}a \tag{6.7}$$

$$\mathrm{T.L.} = R \tan \frac{I}{2} \tag{6.8}$$

$$\mathrm{D}a = \frac{ab \cdot \sin \beta_2}{\sin(180° - I)} \tag{6.9}$$

同じようにして，点 b から円曲線終点 (E.C.C.) を定めることができる．

II) **円曲線始点 A (B.C.C.) 付近に障害物がある場合**：図 6.9 に示すように，円曲線始点 A (B.C.C.) 付近に障害物がある場合は，障害物の影響を受けない範囲の曲線上の点 P ($\angle \mathrm{AOP} = 2\delta$ とする) より接線 AD に下した垂線の足を P$'$ とすると，次の関係が成り立つ．

$$\mathrm{PP}' = R(1 - \cos 2\delta) \tag{6.10}$$

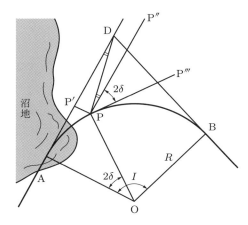

図 6.9 円曲線始点付近に障害物のある場合の曲線設置の方法

$$P'D = AD - AP' = R\tan\frac{I}{2} - R\sin 2\delta \tag{6.11}$$

$$\angle P'DP = \tan^{-1}\frac{PP'}{P'D} \tag{6.12}$$

よって，曲線設置の手順としては，交点 D から接線 AD 上に線分 DP' をとり，垂線 PP' を求めて点 P の位置が定められる．次に，点 P から接線 AD に平行な線 PP″ を求めるため，点 P 上にトランシットを据え，PD を基準に ∠PDP′ と等しく ∠DPP″ を測設する．さらに，PP″ を基準に ∠P″PP‴ = 2δ として，PP‴ は点 P における接線となる．

以下は 6.1.4（1）項で前述した偏角設置法によって曲線設置を進める．

6.1.5 縦断曲線

路線の縦断勾配の表し方としては，道路では主として $n/100[\%]$ を用い，鉄道では主として $n/1,000[‰]$，または $1/m$ を用いる（図 6.10 参照）．

道路や鉄道などの路線の縦断勾配が変化する箇所では，車両が円滑に走行できるように，縦断面上に縦断曲線（縦曲線ともいう）を設ける．縦断曲線は，一般に放物線を用いるが，その表示方法としては，放物線を円曲線で近似し，この半径で示す（図 6.11 参照）．

図 6.11 で，$m/100$ と $n/100$ の二つの縦断勾配の線形が T で交わる場合に，これに縦断曲線を挿入するには，次式によって T から A, B に至る横距 l を求め，点 A と点 B を決定する．

$$l = \frac{R}{200(m \pm n)} \tag{6.13}$$

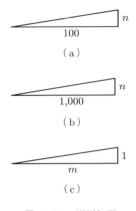

図 6.10 縦断勾配

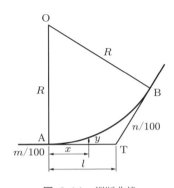

図 6.11 縦断曲線

ここで，R：縦曲線の半径，$+$：両勾配が異なる方向で交わる場合，$-$：両勾配が同じ方向で交わる場合，である．

点 A より横距 x に対する縦距 y を，次の式より縦曲線の位置を決定する．

$$y = \frac{x^2}{2R} \tag{6.14}$$

6.1.6 緩和曲線

　平面曲線の円曲線では半径 R を有し，かつ，遠心力に対抗してカント C をつける．この円の曲率 (ρ) は $1/R$ に比例するが，緩和曲線ではこれを直線にすりつけるため，曲率を無限大で，かつ，カント C を 0 に逓減する（図 6.12 参照）．この方法として以下の三つがある．

① 曲率が緩和曲線上の長さ l に直線的に比例する場合．ここで L は緩和曲線長を示す．

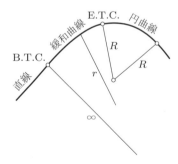

図 6.12 緩和曲線

$$\frac{1}{\rho} = \frac{l}{L} \times \frac{1}{R} \tag{6.15}$$

その平面形状はクロソイド曲線となる．

② 曲率が横距 x に直線的に比例する場合．ここで X は緩和曲線長を示す．

$$\frac{1}{\rho} = \frac{x}{X} \times \frac{1}{R} \tag{6.16}$$

その平面形状は三次放物線となる．

③ 曲率が動径 z に直線的に比例する場合．ここで Z は緩和曲線長を示す．

$$\frac{1}{\rho} = \frac{z}{Z} \times \frac{1}{R} \tag{6.17}$$

その平面形状はレムニスケート曲線となる．

道路で用いられる緩和曲線は，①クロソイド曲線が用いられていることが多いが，緩和曲線の設定がむずかしい場合には，③レムニスケート曲線が用いられる．鉄道で用いられる緩和曲線は，曲率が比較的大きいことから，①，②，③の各ケースの差はあまりないので，敷設の容易な3次放物線が用いられる．ただし，地下鉄道などのカーブの急な急曲線で，かつ，緩和曲線が比較的長い場合には，①のクロソイド曲線が用いられる．以下にその三つを示す．

6.1.7 クロソイド曲線

自動車が道路を直線区間から曲線部へと走行する場合，円の曲線半径が小さければ小さいほど大きな回転角速度の変化を受け，不安定な状態となる．これは，道路の平面線形の曲率変化に対して，ハンドルの回転が間に合わず，回転の許容範囲を越えるためである．クロソイドは，このような危険を防止し，自動車などが円滑に走行するために用いられ，力学のうえでも最も適切な緩和曲線とされている．

直線から曲線に乗り移るときに，クロソイドは曲率（曲線半径の逆数 $1/R$）が曲線長（L）に比例して増加する曲線である．ここで，R と L がともに長さを表す単位であることから，単位が長さの2乗を表す A^2 を用いて次の関係にある．

$$RL = A^2$$

この式を，クロソイドの基本式とよぶ．また，A をクロソイドのパラメータと称して，円の半径が円の大きさを決めるように，A がクロソイドの大きさを定めることになる．

クロソイドの各部およびクロソイドに直接に関連する諸元を総称して，クロソイドの要素という．これを図示して図 6.13 に示す．この図での記号の説明を下記に述べる．

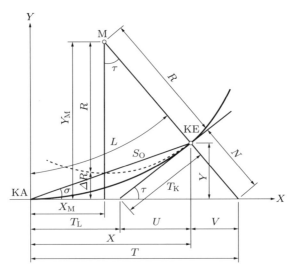

図 6.13 クロソイドの要素と記号

X 軸	=	主接線
KA	=	クロソイド始点
KE	=	クロソイド曲線と円，または，他のクロソイド曲線との接点
M	=	KE における曲率の中心および円の中心
X, Y	=	KE の X, Y 座標
L	=	クロソイド曲線長
R	=	KE における曲率半径
ΔR	=	移動量（シフト）
X_M	=	M 点の X 座標
Y_M	=	M 点の Y 座標
N	=	法線長
T_K	=	短接線長
T_L	=	長接線長
U	=	T_K の主接線への投影長
V	=	N の主接線への投影長
T	=	クロソイド始点より KE における法線と X 軸が交わる点までの距離 $(X + V = T_L + U + V)$
S_0	=	動径（KA 点より KE 点までの直線距離）
σ	=	KE 点の極角
τ	=	KE 点における接線角

クロソイド曲線を使えば，円弧と直線を組み合わせて，さまざまな現場の状況に沿って線形計画をたてることができる．クロソイドの組合せとしては，図 6.14 に示すように，直線と円弧をクロソイドで接続させたもの（基本型という），図 6.15 に示すように，二つの反向する円弧をクロソイドで接続させたもの（アルファベットの S の字に似ているところから S 型という），などがある．

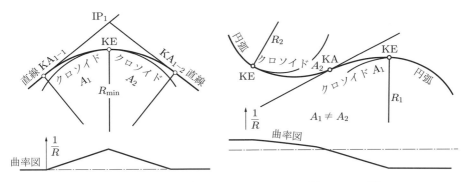

図 6.14 凸型（対象型，非対象型）　　**図 6.15** S 型

上述のように，クロソイドでは $RL = A^2$ の関係が成り立つ．ここで，さまざまな場合に対応できるように，単位クロソイド（$A = 1$ に相当）を求める．両辺を A^2 で割ると，次式が得られる．

$$\frac{RL}{A^2} = 1 \tag{6.18}$$

よって，

$$\frac{R}{A} = r \quad と \quad \frac{L}{A} = l \tag{6.19}$$

に分ける．この結果から，

$$rl = 1 \tag{6.20}$$

が得られる．この関係式からクロソイドの諸要素を計算し，表にまとめたものが単位クロソイド表である．この表を用いて求めた諸要素のうち長さの単位があるものは，それぞれ A 倍することによって必要な数値を求めることができる．

6.1.8 三次放物線

図 6.16 において，OG を緩和曲線，点 O を緩和曲線始点（B.T.C.），点 G を円曲線始点（B.C.C.），R を円曲線半径とし，B.T.C. 接線上の正投影を X とすると，次式を導くことができる．

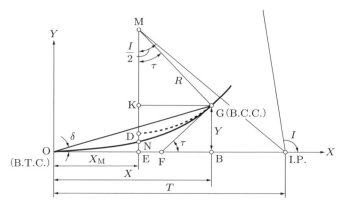

図 6.16 三次放物線

$$\frac{1}{\rho} = \frac{d^2y}{dx^2} = \frac{1}{R} \times \frac{x}{X} \tag{6.21}$$

境界条件として $x=0$ のとき，$dy/dx = 0$，$y = 0$ を用いて，これを 2 回積分する．

$$y = \frac{x^3}{6RX} \tag{6.22}$$

この式を三次放物線の一般式とよぶ．クロソイドと同じように，円弧と曲線の接点 B の接線角 τ では，τ が十分小さいとみなすことができるので，

$$x = X, \quad \sin\tau = \frac{dy}{dx}$$

として，

$$\sin\tau = \frac{X}{2R} \tag{6.23}$$

また，$\tau \fallingdotseq 0$ として近似的に，

$$\tau = \frac{X}{2R} \tag{6.24}$$

単曲線始点 B の縦距 d は，

$$d = \frac{X^3}{6RX} = \frac{X^2}{6R} \tag{6.25}$$

FB の長さは，

$$\mathrm{FB} = d\cot\tau = \frac{X}{3} \tag{6.26}$$

GK の長さは,

$$\text{GK} = R\sin\tau = \frac{RX}{2R} = \frac{X}{2} \tag{6.27}$$

よって,

$$\text{OE} = X_\text{M} = X - \text{GK} = \frac{X}{2} \tag{6.28}$$

となり,NE の長さは,式 (6.22) より次式となる.

$$\text{NE} = \frac{(X/2)^3}{6RX} = \frac{X^2}{48R} \tag{6.29}$$

6.1.9 レムニスケート曲線

レムニスケート曲線は,曲率が弦長に比例するもので,その関係式は直交座標で示すと次のとおりである.

$$(x^2 + y^2) = a^2(x^2 - y^2) \tag{6.30}$$

これを図 6.17 に示す.簡易な計算法があまりなく,煩雑であるが,急角度の曲線に適している.

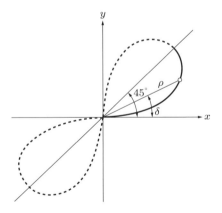

図 6.17 レムニスケート曲線

6.2 河川測量

6.2.1 概 要

河川測量は，河川改修工事や河川工作物の計画および施工に必要な資料を得るために実施する測量である．この測量では，河川の形状，水位，深浅断面，勾配，流速と地形，地物の位置を測量して，平面図，横断面図などを作成する．また，流向，流速，流量などを調査することも行われる．

6.2.2 平面測量

河川測量を行う範囲は，河川の形状を包含できる大きさとする．平面測量の構成は，三角測量，トラバース測量，細部測量からなる．

測量する範囲は，工事の目的によって定める．船運のための改修工事ならば上流の目的地までとし，下流は河口から海の中までとする．洪水防御を目的とする河川工事では，河口より上流は水害の及ぶ区域までとし，下流は海との境ぐらいまでとする．なお，測量する幅員の範囲は，有堤部においては堤外部全部と堤内地 300 m 以内，無堤部では洪水時の影響を受ける区域よりさらに 100 m 程度広い範囲とする（図 6.18 参照）．

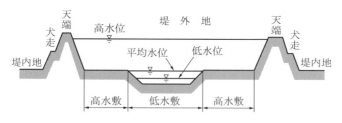

図 6.18 河川の横断構成

（1）三角測量

河川の平面図をつくるには，まず，区域内において基準点を決めるため，三角測量を行う．三角点は，2～3 km ごとに大三角網を設ける．その位置は，3 箇所以上の基本三角点から観測でき，その後のトラバース測量に使用するのに便利な位置が望ましい．また，原則として，既設の基本測量と公共測量に基づく各種基準点（基本三角点）に三角点を連絡する必要があるが，小規模の河川ではその必要はない（図 6.19 参照）．

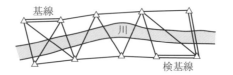

図 6.19 河川の三角網

構成される三角網の夾角は 40° 以上で，100° 以下でなければならない．普通の場合には単列三角網とするが，河川の合流点や湾曲点などにおいて，単列三角形を形成することが困難な場合は，四角形または複列三角形などを採用する．

基本三角点が利用できない場合は，小三角網を組み，これを基本三角点に連結するか，検基線で測定の精度を検定する．後者の場合に，計算した検基線の実測検基線長に対する比は 1/6,000 以内としなければならない．なお，基線測量では 20 km を超えない範囲で 3 回以上の平均をとる．

（2）トラバース測量

大小三角点のみでは細部測量の基準点が不足する場合には，約 200 m ごとにトラバースを組んで基準点を増加する．この場合の閉合差の制限は，角度で 3′ 以内とし，距離では全測長の 1/1,000 以内とする．また，大小三角点または他のトラバース測点を始終点としてのオープントラバースは避ける．

（3）細部測量

三角測量，トラバース測量で求めた基準点に基づき，オフセット，平板，またはスタジア測量などの細部測量を実施する．測定調査の項目は，対象となった区域内で，河川の形態，堤防，水際線，河川の付属工作物に加えて，乗船場，荷役場，道路，鉄道，行政界，官地民地の境界，地目別，神社，仏閣，墓地，家屋，水準基標，距離標，水位標などであり，これらのすべてを実測する．

水際線はつねに変化し，とくに感潮部ではその変化が大きいので，一般的には平均低水位または平水位を基準として測定する．その測定方法としては，大勢の人が水際に等距離に立ち，同時に水際の深さを測る同時観測法と，深浅測量がある．

（4）平面図の作成

平面図は，三角測量，トラバース測量で求めた基準点を，すべて直角座標に展開してまとめたものである．図式は，原則として国土地理院地形図図式によるが，工事の目的に合わせて独自の図式を用いることがある．また，縮尺は一般的に 1/2,500 であるが，川幅 50 m 以下の場合は 1/1,000 が用いられる．

なお，河川法の対象となる河川については，河川台帳を作成し，国土交通省と各都道府県に保管されるが，この河川台帳の平面図の縮尺は 1/2,500（状況により 1/5,000 以上）が用いられる．

6.2.3 水準測量

水準測量は，水準基標測量，定期縦断測量，定期横断測量，深浅測量などに分かれる．水準測量を行うには，まず距離標および量水標を設置し，また，両岸 5 km ごとに一つの水準基標を設け，この標高を基本水準測量から正確に測定する．

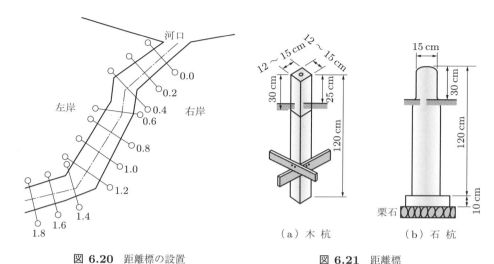

図 6.20 距離標の設置　　　　図 6.21 距離標

（1）距離標の設置

距離標は，一方の岸に沿って，河口または合流点から間隔は 200 m を標準として設ける（図 6.20 参照）．この距離標は，普通は長さ 1.2 m，木口 12～15 cm の角材で，上方約 30 cm を白ペンキで塗り，地上 25 cm になるように打ち込む（図 6.21 参照）．また，距離 1 km ごとの距離標は石杭とし，頂面に丸みをもたせる．次に，水準基標は石杭とし，長さ 1.2 m 以上，頭部 15 cm 角で，杭頭に丸みをつけ，地上 30 cm となるように設置し，両岸に少なくとも 5 km ごとに 1 基設ける．

（2）定期縦断測量の方法

河川の定期縦断測量は，左右両岸の距離標に沿って距離と標高を測定する．その他，断面の変化する箇所，量水標のある箇所，水門などの標高のほか，鉄道，道路，堤防，橋梁など重要な箇所の高さも必要に応じて測量する．基準面は，原則として東京湾平均海面を用いるが，多くはその河川の最下流にある水位標の 0 位を採用している（表 6.1 参照）．

観測は最初に仮 BM（ベンチマーク）を基準とし，これから測定を開始し，他の仮 BM に結合する．その際，往路においては中心杭高，中心杭・縦断変化点杭の地盤高および中心線上の主要な構造物を対象に標高を測定し，復路では中心杭高を測定する．ここで，縦断変化点および主要な構造物の位置は，中心点からの距離を測定して定めている．

（3）縦断面図の作成

縦断測量の結果から縦断面図を作成する．この縦断面図の縮尺の表示方法としては，河川勾配を明示するか，縦縮尺を横縮尺の 100～1,000 倍として，縦 1/100～1/200，

表 6.1 特定河川の基準面

基準面名称	河川名	東京湾平均海面との関係 [m]	摘要
A.P	荒川, 中川, 多摩川	−1.1344	霊岸島量水標の 0 位を基準
Y.P	江戸川, 利根川	−0.8402	江戸川河口堀江量水標の 0 位を基準
O.P	淀川, 大阪港	−1.0455	大阪湾明治 7 年実測最低干潮面
K.P	北上川	−0.8745	
S.P	鳴瀬川	−0.873	塩釜港と同じ
A.P	吉野川	−0.8333	荒川の A.P とは別
O.P	雄物川	±0	淀川の O.P とは別
M.S.L	木曾川	±0	

横 1/1,000 から 1/100,000 とする．標準として，縦 1/100，横 1/1,000 が多い．また，縦断面図には，必ず上流を右側にして描き，両岸の距離標，河床，計画高水位，計画堤防高，水門などを記入する．

(4) 水面勾配

河川調査の重要な目的の一つは，流量を求めることにある．そのためには，水面勾配は重要な項目であり，また，河床勾配に比べて測定しやすいことから，水面勾配は広く用いられている．しかし，水面勾配は流量によってつねに変化するため，必要に応じて高水勾配，低水勾配，平水勾配の区別をして用いる．

これらの測定方法として，多くの量水標を同時に測定する方法のほか，水際に一定の区間にわたって 100〜200 m 間隔で杭を打ち，多くの人によって同時刻に杭に水位の印付けをして直接水準測量により求める方法などがある．測定は両岸で行うのがよいが，湾曲しているなど，その他の原因で両岸の水位が同一でない場合があり，この場合には平均値により水面勾配とする．

(5) 河床勾配

河床最深部を連ねた線の勾配を河床勾配という．河床勾配は，水面勾配に比べて非常に凹凸が多く，測定が困難であるが，全体として河の性質を表すものであることから，河川改修には重要な意義をもっている．

河床の最深部は必ずしも河の中心と一致しないことが多く，その位置を見出すのがむずかしいことがある．そこでまず，横断測量をしてから最深部を平面上に移し，次に平面図上で距離と方向を求めて，河底の縦断面図を決定し，河床勾配を求める方法がとられている．

6.2.4 横断測量

(1) 横断測量の方法

横断測量は，両岸に設置した距離標を基準に実施するが，両岸相互の距離標は互い

に見通せることが重要となってくる．その範囲は平面測量の範囲に準じて行う．その精度は，距離で 1/1,000 以内，高さは距離 300 m に対して 10 mm 以内となっている．

（2）横断面図の作成

横断面図は，陸上部分の横断測量と水中部分の深浅測量をつなぎ合わせて作成する．縮尺は横 1/1,000，縦 1/100 とし，高さは基準水準面からとり，左岸を左，右岸を右とする．また，両岸の距離標位置，測定時水位，高水位，低水位，平水位などを記入する．

6.2.5 深浅測量

深浅測量は，水底部の地形を明らかにするため，水面から垂直に水底までの距離を測って水深を求める．また，河床の物質を同時に採取するのが一般的である．水深約 5 m 以下の場合にはロッド（図 6.22 参照）を用いる．さらに水深が深くなると，ワイヤやロープの一端におもりをつけたレッド（図 6.23）を用いる．ワイヤやロープは流れの圧力に耐えられるように十分な太さにし，断面は流水抵抗の小さくなるような形にする．レッドで測定不可能な箇所では，音響測探機が用いられる．この原理は，水上より水底に向かつて超音波を発し，戻ってくるまでの時間を測定して水深を測るものである．

船舶の交通がなく，河幅が狭い場合は，河川を横切ってロープをセットし，所定の位置で深浅測量を行う．河幅が広い場合は，測量船によって深浅測量により水深を測

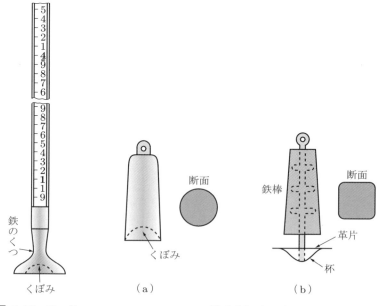

図 6.22　ロッド　　　　　　　　　図 6.23　レッド

り，その船の位置と船位については，ワイヤロープ，TS等またはGNSS測量機を用いて測る．

6.3 用地測量

6.3.1 用地測量業務

　用地測量は，公共事業や公営事業や公益事業の事業用地（以下，公共用地という）の，代替性のない特定の土地を取得するために土地および境界等を調査し，必要なデータを得る測量をいう．公共用地取得には，他の一般の土地などの取引きとは異なって，土地収用法に基づき，事業者（起業者）の申請により，都道府県知事によって認定された事業には強制収用権が付与される．

6.3.2 用地測量

　用地測量は，次のものが含まれている．
① 地図，土地，建物などの登記簿等の資料調査．
② 公共用地，民有地，借地などの境界の確認．
③ 境界点の測量．
④ 用地測量区域内の各画地の面積計算．
⑤ 測量および面積計算に基づく各種図面の作成．
⑥ 土地調書の作成．

6.3.3 資料調査

（1）土地登記簿の調査

　調査区域の土地について，当該土地の所在地の管轄登記所において，土地登記簿により当該土地に関する次の調査を行う．
① 土地の所在および地番ならびに当該地番にかかわる最終支号．
② 地目および地積．
③ 登記名義人の住所，氏名または名称，登記年月日および登記原因．
④ 共有地については共有者の持分．
⑤ 土地に関する所有権以外の権利の登記があるときは，権利登記名義人の住所・氏名または名称，権利の種類・内容ならびに権利の始期および存続期間．
⑥ 仮登記等があるときは，その内容．
⑦ その他必要と認められる事項．

（2）転写連続図の作成

　転写地図各葉を複写して連続させた転写連続図を作成し，そこに土地所有者名を記入し，工事計画の平面図などに基づいて，土地の取得の予定路線を記入する．なお，管

轄登記所名および転写年月日の記載ならびに転写を行った者の記名押印を行う．

（3）権利者の確認調査

土地の調査が完了したときは，権利者の確認の調査として，①戸籍簿，除籍簿，住民票または戸籍の付票等，②法人登記簿または商業登記簿についての調査を行う．

（4）境界確認

測量区域内で，所有権，借地権，地上権などに関して画地の境界点の確認を行うために，権利者の立会いのもとに境界確認を行う．その要点は，

① 一筆を範囲とする画地．
② 一筆の土地であっても，所有権以外の権利が設定されている場合には，その権利ごとの画地．
③ 一筆の土地であっても，その一部が異なった現況地目となっている場合には，現況の地目ごとの画地．
④ 1画地にあって，土地に付属する畦（あぜ）や溝などがある場合には1画地に含むものとする．ただし，崖などで通常の用途に供することができない場合には別とする．
⑤ 境界標識の設置されている境界点については関連する権利者全員の同意を得ること．
⑥ 境界点が表示されていない場合には，各権利者が保有する図面などによって，各権利者の同意のもとに，現地に強固な境界標識の設置などを行う．
⑦ 境界点立会いが完了したときは，関連する権利者全員から土地境界立会確認書に署名押印を求める．

図 6.24 用地測量

6.3.4 境界測量

境界測量とは，境界点を測量し，その座標を決める測量をいう．

（1）基準点

当該公共事業に係る基準点測量が完了しているときには，この成果をもとにして用地測量を行う．なお，この基準点が位置移転とか損壊または滅失していることがあるので，検測するなど注意を要する．基準点測量が実施されていない場合には新たに設けるものとする．

（2）補足基準点

公共用地をはじめとして，各画地の境界点を観測するために，4級基準点以上の基準点から補足基準点を設置する．この補足基準点の精度は，4級基準点に準じるものとする．なお，市街地などで，すべての境界点を観測するための補足基準点を設置することが困難な場合があり，このときには設置可能な補助点を設ける．

（3）境界測量

各境界点の測量を行うときには，基準点からの放射法により各境界点を測量する．各境界点間の距離の測定は，鋼巻尺または光波測距儀を用い，単位は mm とする．

用地実測図の作成には，主要な建物などの位置を併せて観測して記入しなければならない．このときの測定には平板法でも支障ない．

（4）用地境界仮杭の設置

用地取得の範囲が確定したときには，測量の成果などに基づいて用地境界仮杭を設置する．このときに，①原則として，関連する権利者の立会いを求め，②木杭，プラスチック杭，金属鋲などを用い，③原則として赤色のペイントで着色する．④建物などが支障となって用地境界仮杭の設置が困難なときには，そのそばに設置可能な補助杭（控え杭）を設置し，関連する関係者の理解のもとに，用地境界仮杭と控え杭との関係図を作成する．

6.3.5 面積計算

面積計算は一筆の1画地を1単位として原則として座標を用いて計算する．

① 面積計算の範囲は取得等の区域であるが，一筆の土地が取得等の区画線にまたがる場合に，当該土地と連続して所有者および使用者を同じくして同一使用目的に供されている二筆以上の土地のある場合には，当該土地全部を範囲に含める．

② 一筆の土地に異なる現況地目のあるときには，一筆の土地の総面積を求めたうえ，評価価格の高い地目の土地から順次面積を求める．

③ 一筆の土地に異なる権利者があるときには，その権利者ごとに面積を求める．

6.3.6 用地実測図等の作成

用地実測図等の作成は原則として地図情報レベルを 250 または 500 とする（図 6.25

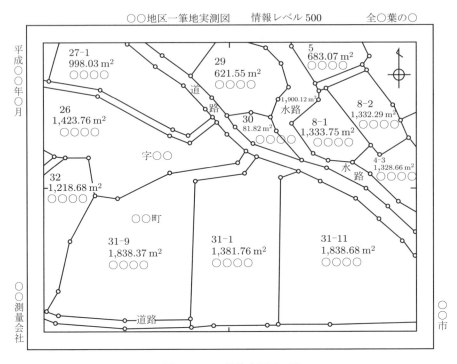

図 6.25 一筆地実測図の例

参照).そして，用地実測図原図には，定められた平面図表示記号に従い，次の事項を記入する．

① 基準点および境界点および境界線．
② 分筆を要し，現地に境界標のない場合には，境界点と近傍の恒久的地物との距離や角度．
③ 面積計算表．
④ 各筆の地番・地目，土地所有者および借地人などの氏名．
⑤ 境界辺長．
⑥ 隣接地の地番．
⑦ 用地を三角形に分割した場合の分割形状とその面積．
⑧ 借地境界および借地を三角形に分割した場合の分割形状とその面積．
⑨ 用地取得線．
⑩ 図面の名称，方位，縮尺，測量完成年月日，測量計画，機関名称，作業機関名称および土地の測量に従事した者の記名押印．
⑪ 区市町村名，大字名，字名，町名および境界線．

⑫ 用地幅杭点および用地境界点の位置.
⑬ 現況地目.
⑭ 画地および残地の面積.
⑮ その他指示された事項.

＋＋ 演習問題6 ＋＋

6.1 曲線半径 300 m，交角 $12°30'25''$ の単曲線の接線長，曲線長，中央縦距を求めよ.

6.2 $A = 80.00$ のクロソイド曲線において，クロソイド始点 KA より曲線長 20.00 m ごとの点における半径 R ($R_1 \sim R_4$ まで) を求めよ.

6.3 $+20/1,000$ の勾配と $-40/1,000$ の勾配を結ぶ縦曲線を，半径 2,000 m の円曲線を用いて挿入する．縦曲線長を求め，20 m 間隔で縦距を定めよ.

6.4 距離標 A，B から，水際杭 a，b の杭頭を測定した結果を下表に示した．水際杭 ab 間の水平距離を 200 m とすると，水面勾配を求めよ．ただし，a 杭の水際杭頭と水面の距離は 10.5 cm，b 杭の水際杭頭と水面の距離は 28.7 cm である.

表 6.2

側点	距離	後視	前視	標高
A	50	0.256		81.908
a			1.987	
B	80	0.987		80.234
b			1.056	

第7章

空中写真測量

空中写真測量は,航空機や人工衛星から撮影した写真により行われる測量である.従来は地形図の作成には多大な労力を要したが,近年の電子情報技術の発展により,空中写真測量にも効率的な技術が導入されて精度よく地形図などが作成されるようになった.本章では空中写真測量の原理から最近の手法までを述べている.

7.1 写真測量

撮影された写真から地図を作成することなどを,写真測量という.写真測量には,宇宙写真測量,空中写真測量,地上写真測量,水中写真測量がある.よく用いられるのは空中写真測量であって,①鉛直写真(カメラの傾きが鉛直軸に対して0.2°以下の傾きで撮影),②垂直写真(カメラの傾きが鉛直軸に対して0.2°〜5°の傾きで撮影),③斜め写真(斜めから撮影された鳥瞰写真)の3種類がある.実用上は垂直写真で十分であることから,写真測量としては垂直写真を用いた空中写真測量(aerial photogrammetry)が用いられる.なお,7.2節で後述するように,軽飛行機を用いて大気圏内の比較的低い高度から撮影することから,地球表面の曲率や光線の大気による屈折を無視することができる.

この空中写真測量は,平板測量では困難な地域や広域な範囲を図示するために発達したものである.空中写真の対象は,建物,畑などの個々の対象物や道路,鉄道,河川などの線状構造物のほか,さらには地形や地質などに至るまで多岐にわたっている.これらの空中写真は,三次元の対象物を平面で示していることから,これを1枚の写真から測量的に判断することはむずかしい.そこで,同一対象物を異なる2地点から撮影した2枚の写真から立体的に読み取る装置の開発とともに,写真情報を読み取るために,写真判読の技術も発達してきた.

地図と空中写真を比べてみると,地図は正射投影であり,写真はレンズを中心とした中心投影である.この中心投影を,正射投影に転換するのが写真測量である.空中写真では垂直に撮影する必要があるが,気流,風向き,航空機の動揺などで傾くおそれがあって,上記のように垂直写真の場合には,通常5°以内まで許容している.そし

て，写真は中心投影であるため，土地に高低があったり，写真に傾斜があったりすると写真像にゆがみが生じるので，航空機に搭載されたカメラによって撮影した空中写真を張り合わせるとずれが発生する．空中写真測量においては，この傾斜やゆがみはそれぞれの修正装置によって補正される．

7.2 空中写真の撮影

　空中写真の撮影は，気球などを用いることもあるが，航空機を用いるのが原則である．航空機を用いて撮影することから，とくに航空写真という場合がある．

　航空機による撮影は，通常，最高 6,000 m の飛行高度で，200～300 km/h 程度の速度で行われる．航空機の具備すべき条件は，水平で等高度の飛行ができること，地上の目標物が見やすいように前方および下方の視界がよいこと，撮影時に正しい姿勢が保持できることなどである（図 7.1 参照）．

図 7.1 撮影航空機・セスナ TU206C 型

　空中写真の撮影を連続して行う場合，撮影の進行方向（1 コース）について，原則として約 60%ずつ重複して撮影する．この重複の度合をオーバーラップ (overlap) といい，%で表すが，これを次式に示す．

$$\mathrm{OL} = \frac{(S-B)}{S} \times 100 \tag{7.1}$$

ここに，OL：オーバーラップ，単位は%，S：1 枚の写真に写る範囲，B：撮影間隔．

　また，広い地域を撮影するときは，数コースにまたがって撮影する場合がある．このとき，コース間で重複して撮影をする．この重なりをオーバーラップと同様の定義でサイドラップ (lateral overlap) とよび，%で表すが，通常は約 30%が用いられている（図 7.2 参照）．

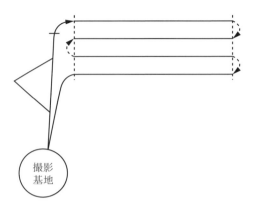

図 7.2 撮影基地からの撮影運行コース

このように,写真測量は,すべての地域が必ず2枚以上の写真に重複して撮影されるが,その原理は 7.5 節および 7.6 節で後述する.

7.3 地図作成の順序

空中写真測量のうち,連続して撮影された一連の空中写真を,精密図化機を用いてアナログ的に次々と接続していく作業を,空中三角測量といい,この作業をコンピュータを用いてディジタル的に行う場合を,解析空中三角測量という.

(1) 標定点測量

空中三角測量や図化作業を行うために必要な基準点,すなわち,写真の撮影区域内における地上の三角点などの基準点を設置する測量を,標定点測量という.大きい縮尺の場合には,標定点測量の精度を高くする必要があるが,小さな縮尺の場合には標定点測量の精度は低くても差し支えない.国土交通省の公共測量作業規程によれば,平面位置も標高も,縮尺 $1/1,000$ で $\pm 0.1\,\mathrm{m}$ 以内であり,縮尺 $1/10,000$ では $\pm 0.5\,\mathrm{m}$ となっている.測量の目的によっては直接水準測量を併用するが,水準測量を行う場合は,標高点を写真に刺針しながら行うので,撮影後となる.

(2) 対空標識の設置

空中写真を標定するために必要な基準点および標定点の位置を,正確に写真上に示すために地上につくる目標物を,対空標識という.対空標識は,写真上に明瞭に写るように,通常の場合は白色を用いるが,背景の色によっては,黄色や黒などを用いることが望ましい.また,風雨によって容易に破損することがないような強度を有する材料で設置する.その型には,3 枚羽根,4 枚羽根,四角形などがあり,寸法も決められている.これらを図 7.3 に示す.森林地などでは対空標識が隠れて見えないことが

7.3 地図作成の順序　143

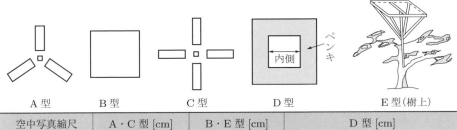

空中写真縮尺	A・C 型 [cm]	B・E 型 [cm]	D 型 [cm]
1:4,000	20 × 10	20 × 20	内側 30, 外側 70
1:6,000	30 × 10	25 × 25	
1:10,000	45 × 15	45 × 45	内側 50, 外側 100
1:20,000	90 × 30	90 × 90	内側 100, 外側 200

注）
① 標識板の厚さは 4〜5 mm とし，型式は図のとおりとする．
② 基本型は A 型または B 型とする．
③ 地上に適当な設置場所がない場合には，樹上等に設置することができ，その型は E 型とする．
④ 建物の屋上に設置する場合，直接ペンキで描くことができ，その形式は D 型または A 型とする．
⑤ その他の設置点の状況によっては C 型，D 型とすることができる．

図 7.3　対空標識

ないように，上空から見て 45°角以上の空間を確保する．空間の確保ができない場合には，やむをえず，対空標識を樹木上に設置することがある．この場合は，樹木上の対空標識から下げ振りで地上の標石と一致するようにする．

（3）空中写真の撮影

空中写真の撮影は，原則として東西方向のコースとし，撮影にあたり撮影コースの計画をたてる．コースはできるだけ直線とし，撮影の始終点は図化地域外に撮影する地点が 1〜2 点余分となるようにする．また，風などの影響で計画コースを正確に航空機が飛ぶことがむずかしいケースが想定される場合は，余裕をもって撮影するようにする．

（4）解析空中三角測量

写真の撮影時の状態を解析的に求めると同時に，写真上に刺針した点の対地座標を求める．

（5）現地調査

空中写真で与えられる地上情報のうち，判読が難しいものや小さくて写真に写っていないもので地図に示す必要があるもの，そのほか，地名や行政上の境界などについて，現地で調査を行う．

144　第7章　空中写真測量

図 **7.4**　セスナ機から撮影した空中写真

(6) 図化機による図化

図化機は，実際の地形と全く相似の模型を空間上につくり，その模型上でいろいろな測定を行うための機械である．これにより，地上の地物や地形を図化し，現地調査で整理されたものを表現して，図化素図を作成する（図 7.5 参照）．

図 **7.5**　3D ディジタルマップ編集システム

(7) 編　集

図化素図および現地調査などに基づき，注記・記号などを書き加え，必要があれば再度現地で確認のための補測を行って，編集素図を作成する．

(8) 補測作業

すでに実施した現地調査のもれや，地図上に描かれた境界の確認などのために，もう一度現地での補測作業を行い，編集素図を整理する．

(9) 製　図

編集素図上に透明なポリエステルベースを当てて，その上に製図し，地図の原図をつくる（図 7.6，表 7.1，7.2 参照）．

図 7.6 図 7.4 から図化された地図（熊本県の水前寺公園周辺）

表 7.1 図化縮尺と等高線間隔との標準

図化縮尺	等高線間隔 [m]			
	主曲線	補助曲線	計曲線	特殊補助曲線
1/500	1	0.5	5.0	0.25
1/1,000	1	0.5		
1/2,500	2	1.0		
1/5,000	5	2.5		
1/10,000	10			

表 7.2 作成する図の大きさの標準

縮　尺	内面郭 [cm]	面　積 [km²]
1/500	60 × 80	0.12
1/1,000	60 × 80	0.48
1/2,500	60 × 80	3.00
1/5,000	60 × 80	12.00
1/10,000	緯度差 2′ 経度差 3′	17.00

7.4 空中写真の縮尺

　空中写真は，地面から数百 m〜数千 m の高さから撮影するので，写真の像は焦点面上に結像するものとみなせる．これは，レンズの撮影中心と写真面との距離は焦点距離に等しいことを意味する．よって，平坦な土地の鉛直写真は，地上の図形が相似に縮小されてフィルムに写される．この縮小率を空中写真の縮尺とよぶ．図 7.7 において，

$$M = \frac{\mathrm{ab}}{\mathrm{AB}} = \frac{f}{H} \tag{7.2}$$

ここに，M：縮尺，f：焦点距離，H：地上からの距離．

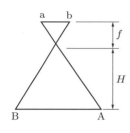

図 **7.7** 空中写真の縮尺

表 **7.3** 写真縮尺と図化縮尺との比の標準

図化縮尺	写真縮尺	図化倍率比
1/500	1/3,000〜1/4,000	1:6〜1:8
1/1,000	1/8,000	1:8
1/2,500	1/12,500	1:5
1/5,000	1/25,000	1:5
1/10,000	1/30,000	1:3

上式から，カメラの焦点距離が定まれば，縮尺は高度によって求められる．よって，詳細な図面が必要な場合は高度を低くして撮影する必要がある（表 7.3 参照）．

7.5 空中写真の実体視

7.5.1 実体視の原理

写真測量の特徴の一つに，実体視によって空中写真から高さが測れることにある．通常，左右の両眼によってものの遠近は判断できるが，この原理は図 7.8 に示すように，左右の眼の網膜上に結ばれる像の位置の微妙な違いが影響している．実体写真とは，右目に相当する位置で撮影し，同様に左目の位置で撮影した 2 枚の写真を，それぞれ右目，左目で見ることにより，遠近感についてほぼ同じ効果の出る写真をいう．また，このような見方を実体視という．肉眼実体視では，左右の実体写真を約 6 cm 離して左目で左の写真を，右目で右の写真を遠くを見つめるような見方をしていると，左右の写真が中央に寄ってきて一つになり，立体的に見えるようになるのである．これには訓練を要することから，実際には強制的に左右を分離して実体視する装置を用い

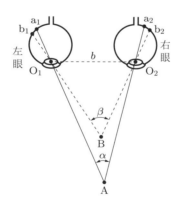

図 **7.8** 実体視の原理

る．この装置として，簡易実体鏡（レンズ式実体鏡）や反射式実体鏡がある．反射式実体鏡は鏡によって反射させた像をプリズムの屈折を利用して集約させ，4〜6倍の双眼鏡で拡大して実体視するようにしたものである．

実体視してみると，実際の地形よりも地形が急峻になり，高さが実際より誇張されて見える．これを過高度という．過高度の理由は，空中写真の空中基線長と撮影高度との比（基線高度比という，0.6〜0.3）が，写真を見る人間の眼の間隔（眼基線長という）と明視の距離（$D = 25$ cm）との比（約 0.25）より大きいことから生じる．

7.5.2 メスマークと視差

左右2枚の写真のなかに，注目する点（黒点をマークする）を実体視して，立体画像上の表面に付着する位置まで，左右の写真を移動する．この点は，実体視での高さを測定できる点としてメスマークとよばれる．そして，左右の写真上の距離を実体視差または単に視差とよぶ（図 7.9 参照）．この視差を測定する装置としては，マイクロメータと左右両方のメスマークの位置を合わせる板とを組み合わせた視差測定桿がある．

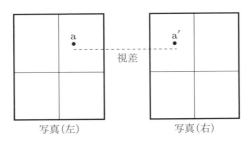

図 **7.9** メスマークと視差

7.5.3 視差差と高さ測定

空中写真から対象物の高さを推定することができる．図 7.10 に示すように，写真基線を飛行コース方向として X 軸とし，それに直交する直線を Y 軸とする．点 O_1 と点 O_2 の位置で撮影して実体視を行うとし，点 A および点 B に着目する．カメラの焦点距離を f とし，点 A と点 B の視差を，それぞれ L_A，L_B とする．

三角形 BO_1O_2 において，

$$\frac{O_1O_2}{b_1b_2} = \frac{D}{L_B} = \frac{H}{H-f} \quad \text{より} \tag{7.3}$$

$$H = \frac{Df}{D - L_B} \tag{7.4}$$

一方，三角形 O_1M_1B と三角形 O_2M_1B において，

$$\frac{m_1b_1}{M_1B} = \frac{f}{H} \tag{7.5}$$

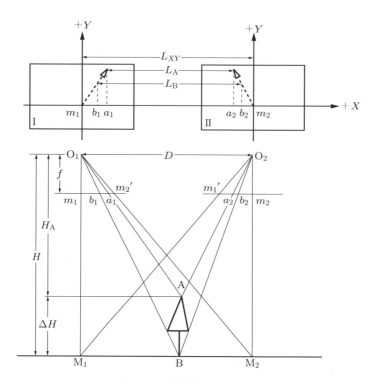

図 7.10 視差差と高さ測定

$$\frac{m_1'b_2}{M_1B} = \frac{f}{H} \tag{7.6}$$

よって，$m_1b_1 = m_1'b_2$ が成り立つ．同様にして $b_1m_2' = b_2m_2$ より，次が成り立つ．

$$L_B = b_1b_2 = m_1m_1' = m_2'm_2 \tag{7.7}$$

ここで，$m_1'm_2 = E$ とおくと，$L_B = D - E$ から，次式となり，

$$E = D - L_B \tag{7.8}$$

式 (7.4) と式 (7.8) から，次式を得る．

$$H = \frac{Df}{E} \tag{7.9}$$

同様に，点 A についても次式を導くことができる．

$$H_A = \frac{Df}{D - L_A} \tag{7.10}$$

ここで，$dL = L_B - L_A$ とする．この式は，視差 L_A と L_B の差を求めていることから，dL を視差差とよぶ．

$$D - L_A = D - L_B + (L_B - L_A) = E + dL \tag{7.11}$$

式 (7.10) と式 (7.11) から，次式となる．

$$H_A = \frac{Df}{E + dL} \tag{7.12}$$

ここで，対象物である樹木の高さを ΔH とする．式 (7.9) と式 (7.12) から次式を導ける．

$$\Delta H = H - H_A = \frac{Df}{E} - \frac{Df}{E + dL} = \frac{Df \times dL}{E(E + dL)} \tag{7.13}$$

式 (7.9) と式 (7.13) から，次式となる．

$$\Delta H = \frac{HdL}{E + dL} \tag{7.14}$$

ここで，dL が小さいときに式 (7.14) を近似する次式を用いる．

$$\Delta H = \frac{HdL}{E} \tag{7.15}$$

写真の縮尺を $1/M$ とすると，$D = E \times M$ となるので，式 (7.15) より，次式を得る．

$$\Delta H = \frac{H}{D} \cdot M \cdot dL \tag{7.16}$$

以上から，基線高度比（H/D）と写真の縮尺（M）と視差差（dL）を用いることにより，対象物の樹木の高さ（ΔH）を測定することができる．

7.6 実体図化機による測定

7.6.1 原 理

実体図化機による測定とは，一対の空中写真を実体図化機の投射器にかけて，実体視しながら被写体とメスマークを同時に観測して，平面位置と高さを観測し，地図を作成する方法である．これには，撮影したフィルムを現像して，それを撮影したときと全く同じ状態にセットして，投射器に撮影カメラで使用したレンズと同じレンズを装着して投影すると，レンズの歪曲などで発生するひずみを完全に取り除くことができる．これをポロ・コッペの原理という．

7.6.2 内部標定

空中写真撮影用カメラでよく用いられるものに，ウィルド社製のものとツァイス社製のものがある．おもなものを表 7.4 に示すが，このなかで一般的に用いられるのは広角カメラである．

表 **7.4** 空中写真撮影用カメラの種類

種 別	点距離 [mm]	図角 [°]	カメラ枠の大きさ [cm]
超広角カメラ	89	120	23×23
広角カメラ	153	90	23×23
普通角カメラ	210	75	23×23
〃	210	62	18×18
〃	300	57	23×23

実体図化機では，通常撮影のフィルム（ネガフィルム）をポジフィルムに焼き付けたダイヤポジフィルム（"ダイヤポジ"という）を使用する．撮影カメラは，非常に遠方の対象物が鮮明に結像するようにつくられているが，図化機の投射カメラは投射板上に結像する必要がある．また，航空機で飛行しながら撮影することから，撮影点とカメラの傾きが明確でない．そこで，地上からきた光の束（光束という）をすべて結像させるために，カメラの光軸と投射器の光軸を一致させることと，画面距離を調整することが必要となる．この作業を内部標定とよぶ．具体的には下記に述べる作業を行う．

カメラのフレームにある指標間の距離 X は，図 7.11 に示すとおりウィルド RC10 で 212.00 mm，ツァイス RMK15/23 では 226.00 mm である．そこで，投射器の乾板保持器のガラス板の指標線に，ダイヤポジの四つの指標を指標線に合わせることにより，写真の主点と投射器の主点が一致する．

次に，ダイヤポジの伸縮は，フィルムの指標によって測定できるので，ダイヤポジの指標間隔を a [mm] とすると，比率 r は a/X となる．この比率 (r) を焦点距離 (f) に乗じ

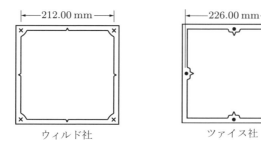

図 **7.11** カメラのフレームにある指標間の距離

れば，正しい画面距離 (C) を求めることができる．ウィルド RC10 では $r = a/212.00$ であるので，正しい画面距離 (C) は $C = r \times f$ となる．

7.6.3 外部標定
（1）相互標定

撮影時におけるカメラの状態は未知であるので，2 枚の写真から左右の対応光線として投射しても，必ずしも結像するとは限らない．しかし，無数にある対応光線をすべて交わらせなくとも，五つの点で交われば他はすべて交わることが投射幾何学で証明されている．そこで，対称形に 6 点選んで（この 6 点をパスポイントとよぶ），これらの対応光線が交わるようにする．このように，地上に設置したパスポイントについて，投射器から左右それぞれの対応する光線をすべて結像させるための作業を相互標定とよぶ．

一つのパスポイントで左右の対応光線が一致しないために像が 2 点となった場合，その距離が視差である．視差には基線方向の横視差とそれとは直角方向の縦視差がある．この縦視差がなくなれば，対応光線が交わることとなる．その視差をなくすために，投射器カメラを回転もしくは平行移動する．一つの投射器には，三つの回転要素と三つの平行要素がある（図 7.12 参照）．その回転要素では，①光軸（Z 軸）の周りの回転（κ：カッパー），②基線方向の軸（X 軸）の周りの回転（ω：オメガ），③両軸に直交し右手系をなす軸（Y 軸）の周りの回転（ϕ：ファイ）がある．また，平行要素では，①光軸の平行移動（Z 軸），②基線方向の平行移動（X 軸），③両軸に直交し右手系をなす軸の平行移動（Y 軸）がある．そこで，6 点のパスポイントに対して，左右 6 要素ずつの計 12 要素のうち左右の横視差を除く 10 要素について，左右の投射カメラの調整を行い，対応光線が交わるようにする．

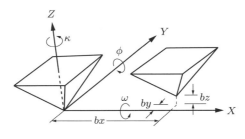

図 **7.12** 標定要素

（2）絶対（対地）標定

相対標定では，左右の投射カメラの相互関係が定まった状態であるが，実際のモデルに必要な縮尺や，傾きや，方位や，原点位置などは決まっていない．これらを定めるための調整を絶対標定という．

7.7 ディジタル空中写真測量

7.3節で示したように，以前は，地上の対空標識などの絶対位置がわかる標識を用いて撮影された写真から，撮影された位置と航空機の傾きを求めていた．しかし，近年になって用いられているディジタル空中写真測量では，航空機に搭載されたGNSSとIMU（慣性計測装置）によって，位置と航空機の傾きをリアルタイムで求められるようになった（図7.13）．これは，直接定位撮影とよばれる．その手順は，ディジタル空中写真を撮影し，同時に記録したGNSSとIMUからのデータに，地形，地物等にかかわる地図情報をディジタル形式で測定するものである．さらに，この測定結果に基づき，空中写真用スキャナを用いて空中写真を数値化し，電子計算機技術により体系的に整理された数値地形図を作成する．

図 **7.13** 撮影カメラ・RC-30・GNSS対応型

電子計算機技術のなかでディジタルオルソ作成がある．空中写真はレンズを中心とする中心投影であり，中心から遠ざかるに従い投影された像は歪むことになる（図7.14）．地図は，正射投影（図7.15）で作成する必要があることから，撮影して数値化した空中写真のデータを再配列してくれる電算システムを用いて，中心投影から正射投影に変換される．ここで得られたディジタル画像は，ディジタルオルソとよばれる．

また，直接定位撮影で得られた標定要素と従来の外部標定要素を電算システムによって同時に調整して，より高精度な外部標定要素あるいはコース上ではパスポイント，隣接するコースではタイポイントの各座標を得ることを同時調整という．

このように，直接定位撮影により撮影時に外部標定要素が得られるため，標定点や対空標識の設置が不要となる．一方，直接定位撮影のみでは，直接定位結果と地上座標系との結合や，空中写真間での結合が不十分となるため，同時調整が必要となる．

ディジタル画像を見るためのステレオディスプレイ装置としては，偏光シート型，

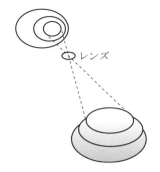
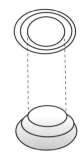

図 7.14 中心投影　　図 7.15 正射投影（ディジタルオルソ）

液晶シャッタ型等がある．また，簡易的な方法として，余色実体で表示する機種もある．加えて，画像計測機能が付加されている．この機能は，サブピクセル単位まで計測ができるようにシステム化されている．

✦✦ 演習問題 7 ✦✦

7.1 焦点距離 25.0 cm のカメラで，地面からの飛行高度 5,600 m で鉛直撮影をしたときの縮尺はいくらか．

7.2 鉛直写真の焦点距離 20.0 cm のカメラで，地面からの飛行高度 5,000 m で撮影したとき，長さ 600 m の貨物ホームはどれほどの大きさに写るか．

7.3 焦点距離 20 cm で撮影高度が 1,500 m での撮影で，画面の大きさ 23 cm × 23 cm の鉛直写真を一方向のみ 10 枚撮ったときの，実体部分での地上面積は何 km^2 か．ただし，撮影コース方向のオーバーラップは 60% とし，地上は水平とする．

7.4 鉛直写真を焦点距離 20 cm のカメラで写し，画面の大きさ 23 cm × 23 cm，縮尺 1/10,000 とした．その地域の最大の山が画面の中央にあり，水準面からの比高が 100 m であるとき，この写真の比高によるずれの最大値はいくらか．

7.5 高度 3,500 m の飛行機から，焦点距離 20.0 cm のカメラで 1,500 m 間隔に 2 枚の写真を撮影した．この写真上で点 A の視差が 100 mm である場合，点 A の標高を求めよ．

7.6 撮影高度 1,000 m において焦点距離 20.0 cm のカメラで撮影し，画面の大きさ 23 cm × 23 cm で基準長を 500 m とすると，オーバーラップが 60% であるとき，比高 30 m の視差差を求めよ．

第8章
ディジタル・サーベイイング

　第2次世界大戦の最中の1942年に，ドイツはペーネミュンデ島で液体燃料ロケットの発射実験に成功し，その後1944年にV2号ロケット爆弾としてロンドン攻撃に使われた．これが近代ロケット技術の始まりである．戦後，この技術が人類が宇宙に出るための手段として研究されるようになり，1957年に，人類は初めての人工衛星スプートニク1号を軌道に乗せることに成功した．1960年代は，米ソの科学技術の総力を挙げて，死闘ともいえる宇宙開発が行われてきた．これは，主として国威発揚・防衛目的のための展開であったが，人工衛星を利用したディジタル・サーベイイングの始まりとなり，1.2節で前述した旧来の測量の歴史を革命的に変えることとなった．

8.1　超長基線電波干渉法（VLBI 測量）

　超長基線電波干渉法は，銀河系全体の数百倍という激しいエネルギーを放出している，クェーサとよばれる数億光年も遠方にある天体から出ている電波を，地球上の離れた二つ以上の複数の地点で同時に受信して，それらの地点間の相対的な位置関係，つまり，距離を求める技術である．英語の very large baseline interferometry の頭文字をとって VLBI 測量という．

　電波天文学において，微小な電波星の大きさの計測や，太陽電波の観測に必要な電波干渉計の開発などが行われ，それによって培われた技術が地球物理学に応用された．その結果，VLBI 測量で，大陸の移動の測定まで可能となった．そのおかげで，プレートテクトニクス理論，つまり，地球の表皮にはいろいろなプレートがあって，それらが毎年数 cm の単位で動いているという仮説を実証することができたのである．

　観測は昼夜の別なく行われ，天候には左右されないが，弱い電波を受信するために非常に大きなアンテナを必要とする．

8.1.1　原　理

　電波星は非常に遠方にあることから，そこから出た電波は平面の電波となって地上に到達する．地上の2点で受信すると，同じ波形の受信時刻に差が生じる．これを遅延時間とよぶ．水素原子の固有の発振周波数を利用した水素メーザ原子時計は，非常

に正確な時計で1,000億分の1秒の精度で測定できる．遅延時間に，電波の進む速度である光速度を掛けたものを行路差（path difference）とよび，電波のくる方向に対して，この2点間の距離を示すことになるのである．このような観測を，同時に3点以上のアンテナで行えば，地上における互いの相対的な位置関係を求めることができる．VLBI測量は，数千kmもの長距離を数mm単位の精密な精度で測定することが可能であることから，現在では最も精度の高い測量技術とされている（図8.1参照）．

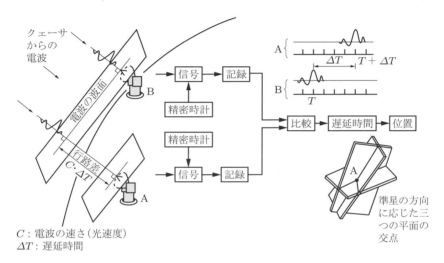

図 8.1 VLBI測量の原理

8.1.2 VLBI観測網

わが国では，VLBI観測の固定網として，観測局が国土地理院により設置され，数百km程度の大規模な基準点網が構築されている．これらによって，地球の表皮であるプレートの運動の検出，国際基準座標系（ITRF系）の維持，GNSS（8.3節参照）連続観測点のチェックが行われている．そして，日本全国に900点を超えるGNSS連続観測点とともに，日本測地網の整備が図られている．

表 8.1 国土地理院のVLBI観測の固定網

おもな機能	新十津川局	父島，始良局	つくば局
アンテナ開口直径 [m]	3.8	10	32
受信周波数帯	S, X バンド	S, X, K バンド	S, X, K バンド
架台形式	AZ–EL マウント	AZ–EL マウント	AZ–EL マウント
最大駆動速度	3°/sec AZ 1°/sec EL	3°/sec	3°/sec
質量 [t]	3.5	26	500

8.1.3 国内超長基線測量

国内超長基線測量は，移動用 VLBI 観測によって行われる．この成果として，広域地殻変動が検出され，フィリピン海プレートの鹿島局に対する動きが約 37 mm/年であることが判明したのである．また，同様にして，日本と韓国との間の測地網の高精度な結合がなされたのである．

8.2 人工衛星レーザ測距

球形をした専用の人工衛星に，地表から波長 10^{-7} m のレーザ光線を当て，反射してくるレーザ光線の往復時間を測ることによって，光波測距儀と似た原理で，観測点と人工衛星との距離を約 1 cm の誤差で測る技術を人工衛星レーザ測距という．英語の Satellite Laser Ranging の頭文字をとって SLR という．もともとは人工衛星の位置を決定するために開発されたものであるが，逆に人工衛星を介して地表の位置を決定できるようになった．

8.3 GNSS 測量（旧 GPS 測量）

8.3.1 概　要

GNSS 測量とは，Global Navigation Satellite System という英語の頭文字を連ねた略語で，日本語では全地球航法衛星システムとよばれており，アメリカ合衆国が運営する GPS やロシアが運営する GLONASS（ГЛОНАСС）などの測位衛星システムの総称である．わが国の公共測量作業規定準則でも，GPS のほかに GLONASS を使用することが明記されている．そのため，測量の作業規定の準則では，GPS 測量は GNSS 測量とその名称が変更された．以下，例として，GNSS 測量について述べる．

GNSS 測量専用に打ち上げられた人工衛星から電波を受けて，地球の重心を原点とし，地球を回転楕円体と考えて，宇宙からそれぞれの位置関係を求める．これを汎地球測位システムといい，このように，人工衛星を利用して位置を測定するシステムを GNSS 測量という（図 8.2）．

8.1 節で前述した VLBI 測量や，8.2 節で前述した人工衛星レーザ測距は，電波やレーザ光線が波であるという特徴を生かして，非常に離れた 2 点間の相対的または絶対的位置を高精度で測定（測位）するものである．この二つの純学問的な位置決定方法がもとになって，国家機関など特定の機関で利用できる幾何学的な測量技術へと発展した．このような方法を一般の測量の場合でも利用できるようになったのが GNSS 測量である．そして，VLBI 測量と関連して，GNSS 測量は高頻度に用いられるよう

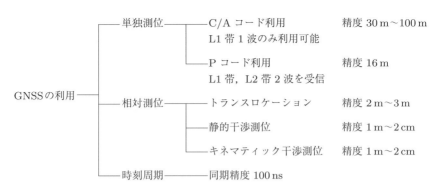

図 8.2　各種の GNSS 利用形態

になった．

　GNSS 測量により，東京とニューヨークの相対的な位置関係がどのように変化しているかというような地球規模での測量が可能となったが，一般的には，8.5 節で後述するカーナビゲーションに利用されていて人々に親しまれている．

　図 8.2 に示す静的干渉測位とよばれる方法を用いると，数 cm の精度で側位することができる．さらに，地球上のどこにおいても，ある点を基準として，ほかの点の三次元的な位置を求めることができるので，GNSS 測量は，この静的干渉測位を用いる．GNSS 測量は，電子工学的な宇宙技術の，より高い測定精度を利用できるものであり，トランシットやレベルなどを用いて，水準面を前提にして位置を決定してきた従来の測量とは根本的に異なるものである．

　GNSS 測量においては，利用者は受信機を用意することで自由に GNSS 衛星からの電波を受信することができる．水中や地中や建物のなかなどの GNSS 衛星からの電波の届かない場所のほかは，電波の受信を阻害する障害物がなければ，どこでも利用できる．昼夜を問わず一日中利用できるうえに，起伏があって見通しのよくない場所での測量ができる特徴がある．また，雪の場合に影響が出ることもあるが，雲や雨や霧などの天候に左右されることはない．船舶は，航行中に悪天候の夜でも洋上で自分の位置を測定することができる（図 8.3 参照）．

　GNSS によって位置を決定するためには，4 個以上の GPS 衛星から送られてくる電波を受信する必要がある．ここで，GPS はすべての衛星が同一周波数で GPS 時刻を用いているが GLONASS はそれぞれの人工衛星で周波数が同一でなく，また，GLONASS 時刻を用いている．したがって，GPS 衛星と GLONASS 衛星の併用では最低 5 個の衛星が必要である．図 8.4 に示すように，GPS 衛星は現在 24 個配置されていて，地球の赤道面に対して約 55 度傾いた六つの軌道面に，それぞれ 4 個で構成されている．GPS 衛星は地上約 2 万 km の高度の円軌道上を，4 km/秒の速度で，地球

158　第 8 章　ディジタル・サーベイイング

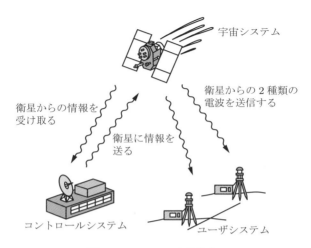

図 8.3　GNSS の全体構成図

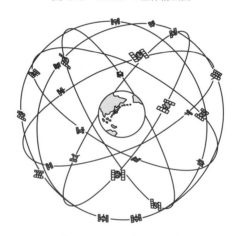

図 8.4　GPS 衛星の軌道

を約 11 時間 58 分で 1 周している．よって，時間帯によっては観測可能な衛星の数が異なるが，常時 4 個以上の GPS 衛星から位置測定に必要な電波信号が連続的に送られてきている．

8.3.2　準天頂衛星システム（QZSS）

　世界の各国で打ち上げられた人工衛星のうち，測量に活用できるものは GNSS とよばれている．GNSS を使った測量のうち，長時間 GNSS 信号を受信し，その信号の位相を解析するスタティック法が，最も高精度な測位手法である．一方，短時間で高精度の測位解を得る方法として，リアルタイムキネマティック法（RTK 法）がある．そのなかで，国土地理院の電子基準点網を利用したネットワーク型 RTK 法が多く用いられ

ている（8.3.5 項参照）．このように，GNSS 測量が定着しつつあるが，日本では上空の障害物に，山岳地形に多い森林や都市部で高層化が進んでいる建築物があり，これにより測定時に必要な衛星数が不足する現象や衛星配置が不適切で衛星からの信号が十分に受信できない，などの点に対して対策を行う必要が明らかになってきた．そこで，日本上空の天頂付近でほぼ静止する準天頂衛星（Quasi-Zenith Satellite，略してQZS）として「みちびき」が打ち上げられ，日本各地で準天頂衛星システム（QZSS）として安定して人工衛星からの信号を得ることができるようになった．「みちびき」は，公転周期が地球の自転と等しくなるように軌道傾斜角と軌道離心率を定めており，8の字のような軌道となっている（図 8.5）．

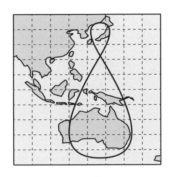

図 8.5　準天頂衛星「みちびき」の軌跡

8.3.3　地理空間情報

地理空間情報とは，空間の位置とそれに関係する情報である．準天頂衛星システム（QZSS）により，安定した空間位置情報を得ることが可能となったことから，ディジタル航空カメラと移動体 GNSS 測量機器（移動計測車両による測量システム）等による高精度の三次元測量によって，地理空間情報の精度が向上しつつある．さらに，屋内測位（屋内外シームレス測位）のための技術開発，センサ技術等の進歩による取得情報の高度化，リアルタイム化などにより，取得可能な情報や空間の拡大が期待されている．

8.3.4　絶対測位

船舶の航行中や航空機の飛行中に，自分自身の絶対的な位置を知りたいという要求が，GNSS 測量の発達の基礎となった．これは，絶対測位または単独測位（1 点測位）ともよばれていて，最小限四つ以上の GNSS 衛星から送られてくる電波を同時に受信し，5.4.5 項で前述した後方交会法によって三次元の座標と GNSS 衛星と受信機までの時間差 Δt を定めるものである（図 8.6 参照）．精度は 30 m〜100 m とされていて，セオドライトやレベルによる測量とは同じ精度にはならない．なお，8.5 節で後述す

160　第 8 章　ディジタル・サーベイイング

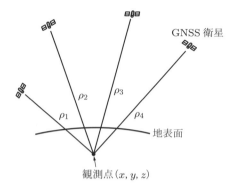

図 8.6　単独測位の原理

るカーナビゲーションシステムでの GNSS の利用形態はこの絶対測位による．

8.3.5　GNSS による測量法

電波の干渉を用いる方法にはいくつかの種類があるが，測量で利用できるのは主として下記に述べる方法に限られている．

（1）スタティック法

基準点測量に用いられるもので，図 8.7 に示すように，既知点（基準局）と未知点に GNSS の受信機・アンテナを設置して，GNSS 衛星からの電波を受信する．このデータをパソコンで処理して，既知点と未知点の相対的な座標 $(\Delta x, \Delta y, \Delta z)$ を求める．GNSS 測量では，この $(\Delta x, \Delta y, \Delta z)$ をベクトルの成分とみなして，基線ベクトルとよんでいる．よって，既知点の座標を (x_0, y_0, z_0) とし，未知点の座標を (x_1, y_1, z_1) とすると，既知点の座標に基線ベクトルを加えることで未知点の座標が求められる．

$$(x_1, y_1, z_1) = (x_0, y_0, z_0) + (\Delta x, \Delta y, \Delta z) \tag{8.1}$$

実際の基線ベクトルを決定するにあたっては，波長のわかっている波（表 8.2）とそ

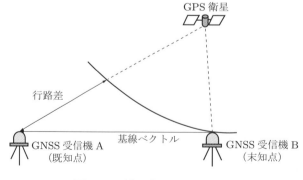

図 8.7　干渉測位における行路差

表 8.2　GNSS 衛星から送られてくる電波の種類

名称	周波数 [MHz]	波長 [cm]
L_1 帯	1,575.42	19.029
L_2 帯	1,227.6	24.421

の波数を既知点と未知点でカウントし，その差（図8.7の行路差）から相対位置を確定する．また，基準点測量では，通常，網を組んで行うことから，GNSS受信機は3台以上準備し，同時に観測する．それにより，網の各基線を求めて，未知点の座標を確定する．

なお，GNSS測量の基準点の設置にあたっては，地上測量の基準点とは異なっている．地上測量では，隣接点との見通しが良好で，点標が壊されにくい場所で，かつ，点標を見つけやすい場所として，巨木の下とか，構造物の近くなどに多く設置される．

しかし，GNSS測量の基準点は，衛星との見通しのよい場所として天空方向の障害物の少ない場所が求められる（図8.8）．また，高圧線や鋼構造物の近くでは，電波が弱くなるおそれがあるので，避けて設置される．

図 8.8　GNSS衛星から送られてくる電波の受信

（2）キネマティック法

応用測量に用いられるもので，基地局と移動局から構成され，GNSSアンテナを移動させながら，その位置を高精度（誤差約20mm）で求めることができる．この機能を活用して，縦断測量，横断測量，平板測量が可能となる（図8.9参照）．

また，測設（座標点設置測量）では，座標を計算しておき，GNSSアンテナを移動して現地でハンディ・パソコンを見ながら，1秒ごとに表示される位置を探して杭の場所を定める作業を行う．

キネマティック法と音響測深機（ソナー）を組み合わせることにより，海上における深浅測量が行われる．これは，キネマティック測位で平面座標を連続して記録しながら，測深機で深さを測定するものであって，船舶の位置をリアルタイムで確認できることから，非常に効率がよい．それで，海上工事ではキネマティック法は広く活用されており，捨石の敷き均（なら）し，杭打ち，ケーソンなどの構造物の位置を決めるのに際して広範囲に利用されている．

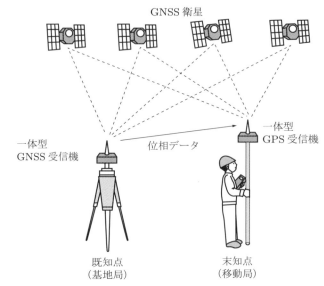

図 8.9　リアルタイムキネマティック測位

(3) RTK (Real Time Kinematic) 法

図 8.10 に示すように，基準点などから位置を確定している既知点に，GNSS アンテナを有する GNSS 機器を固定し基準局とする．これには無線装置がセットされており，受信した GNSS 電波と観測補正データは，無線で移動局（図 8.11）に送られる．移動局では，取得された GNSS 電波と固定局からの情報によって，基準局と移動局間の基線ベクトルを求め，瞬時に移動局の位置（座標）を計算する．図 8.11 には電子平板が取り付けられていて，座標で確定した移動局の位置を即座に電子平板に書き入れることができる．

RTK 法での計算は，複数の GNSS 衛星からの電波の行路差から求める干渉測位法

図 8.10　RTK 法（基準局）

図 8.11　RTK 法（移動局）

が用いられている．その場合，行路差は波数に波長を乗じて求める．だが，受信機に電波が到達した際に，波の小数部は把握できるが整数部は不明である．この整数部を整数値バイアスとよび，検証を経てこのバイアスを整数値で求めることができたとき，その解をフィックス解とよぶ．一方，小数部の実数値で求めた解をフロート解とよぶ．また，このフィックス解による精度は 5 mm～20 mm 程度であり，フロート解の精度は 10 cm～数 m 程度である．

（4）ネットワーク型 RTK 法

RTK 法では，基準局と移動局の距離が短いときは有効であるが，長い距離では精度が落ち，10 km を超えると測定が困難となる．そこで，ネットワーク型 RTK 法では 3 点以上の電子基準点を用いることで，基準局と移動局の距離に関係なく RTK 法と同等の精度を確保することができる．これにより，受信機 1 台で観測作業ができ，作業効率を向上させることができる．また，GNSS 衛星の電波障害や市街地におけるマルチパルスの発生などで精度が確保できないときは，トータルステーション（TS）等を併用することも有効な方法である．

8.4 リモートセンシング

8.4.1 リモートセンシングの定義

地球上の地物，人工物は，それぞれ固有の波長をもった電磁波を反射，放射している．したがって，反射，放射された電磁波の波長を詳細に調べることにより，地球上の地物，人工物を特定することができる．この技術をリモートセンシングという．

一般に，センサ（感知器）は人工衛星，航空機に搭載されており，反射，放射の強さを別々に収集できる多重スペクトル走査（マルチスペクトルスキャナ，multi spectral scanner，略して MSS）が利用される．得られたデータは電気信号に変えられ，ディジタルデータとして記録される．MSS は，可視光線だけでなく，赤外域やマイクロ波なども収集できるので，目では直接見ることのできない現象も捉えることができ，急速に利用価値が高まってきている．

なお，リモートセンシングは何でもわかる万能技術ではない．リモートセンシングで得られた画像と地上観測の結果を，つねにセットにして結論を導き出すことを忘れてはならない．

8.4.2 リモートセンシングの発達

1969 年 7 月 20 日にアポロ 11 号が月面着陸を果たし，世界中の人々がテレビの前で興奮した．人類は初めて地球外から地球を冷静に眺めることができるようになり，生命の存在する地球を大切にしようという気運が高まった．ちょうどそのころ，食料不

足による世界的な飢餓が発生しており，多くの子供たちが飢えに苦しんでいた．そこで，小麦の成育状態，収穫量の予測の方法として，リモートセンシング技術の平和利用への研究が始められた．

平和利用を目的としたリモートセンシングという用語が一般に使われ始めたのは，1972年のランドサット (Landsat) 1号の打ち上げ以降である．リモートセンシングは学際的な分野であるが，土木工学においては測量学の一分野として発展してきた．それは，写真測量，地図作成などで培われた理論やコンピュータの利用技術が，リモートセンシング解析に多用されたからである．したがって，現在では，測量学は地球上の地物，人工物の位置関係を明らかにするだけでなく，地域から地球規模に至る環境保全をも対象としてきている．

8.4.3 電磁波

電磁波は，図8.12に示すように，γ線やX線や紫外線のように短い波長のものから，赤外線やマイクロ波やラジオ波のように長い波長のものまで，広い範囲にわたっている．そのうち，波長が0.4 μmから0.7 μmの範囲は人間の目に感じることのできる波長で，可視光線という．これより短い波長を紫外線とよび，長い波長は赤外線とよばれるが，これらは肉眼では見ることはできない．リモートセンシングでは，これらの電磁波の強さをセンサを用いて収集し，解析し，意味付けを行う．

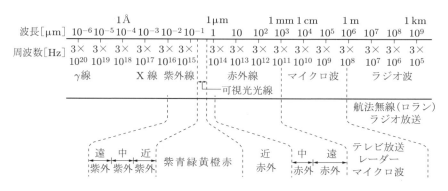

図 8.12　電磁波

8.4.4 反射分光特性

地球上の地物が太陽からの光を受けると，その一部は反射され，一部は吸収または透過される．太陽光のもつ波長域のいずれが，どのような割合で反射，透過，吸収されるかは，その地物によって異なる．この性質を反射分光特性という．図8.13にその例を示す．この反射分光特性は，分光放射計を用いて測定され，たとえば，植物についてより詳細に測定すると，新緑の季節における植物，紅葉の季節における植物などでは明らかに差異のあることがわかる．リモートセンシングでは，この特性を利用し

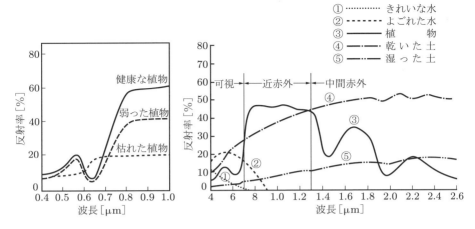

図 8.13　反射分光特性[11]

て，どのような種類の植物であるか，その植物が活力があるかどうかなどを特定することができるのである．

8.4.5　地球観測衛星

以上で述べたように，リモートセンシングとは，人工衛星に搭載したセンサによって種々の電磁波を収集し，かつ，物質によって異なる分光反射特性を利用して，その地物を特定する技術である．センサを搭載する人工衛星をプラットフォームというが，すべての電磁波を詳細に収集できるセンサを作成することはできない．したがって，人工衛星に搭載されるセンサは，調査の目的に合わせて波長域が設計されていることから，調査の目的によって利用できる人工衛星も異なる．

8.4.6　衛星画像の特徴

ランドサットで使用されているセンサの代表的例として，8.4.1 項で前述した MSS のほかに，MSS の精度を上げるために改良された画像表示法である TM（thematic mapper）がある．このランドサット TM では 7 バンド，すなわち七つの波長域の電

表 8.3　ランドサットの TM センサのバンド特性

バンド名	波長域 [μm]	設計時の利用目的
TM1	0.45〜0.52	土壌と植物の組合せ，落葉樹，針葉樹の違い
TM2	0.52〜0.60	健康な植物からの緑の反射度
TM3	0.63〜0.69	植生の違いによるクロロフィルの吸収度
TM4	0.76〜0.90	バイオマス調査のための健康な植物の近赤外の反射度
TM5	1.55〜1.75	植物の含水度，雪と雲の反射の違い
TM6	10.4〜12.5	温度分布
TM7	2.08〜2.35	植物の合水量，熱水作用を受けた鉱物の探知

磁波帯が収集されていることから，ランドサット TM 画像は七つの波長域（バンド 1 からバンド 7 まで）を収集することができる（表 8.3 参照）．これは，人間の眼が三つの波長域（赤，緑，青）しか感知することができないのに対し，七つの眼をもっていることに相当し，図 8.14 に示すように七つの単バンド画像を得ることができる．なお，この表 8.3 には，各バンドの波長域と設計時の利用目的を示しており，たとえば，TM6 は遠赤外域を収集するので，温度分布を知ることができる．

また，七つのバンドから三つのバンドを選び，それぞれに赤色，緑色，青色を割り付けると，カラー合成画像ができる．カラー合成画像により，衛星がとらえた物理現象を強調した画像が得られる．衛星画像は，一度に数 km から十数 km の範囲のデータを取得できることから，地球規模の環境のモニタリングに威力を発揮している．そして，リモートセンシング技術は，平成 7 年（1995 年）1 月 17 日に発生した阪神・淡路大震災の被害抽出に大いに利用され，人工島のポートアイランドの液状化被害[22]について，土砂噴出量だけではなく，沈下量の推定も可能であることを明らかにした．また，平成 23 年（2011 年）3 月 11 日に発生した東日本大震災の震災に対しても，家屋・建物の倒壊，津波による侵食，陸域の浸水などの広域での被災状況の把握，植生の変化や海域の汚染度などの評価でもこの技術が活用された．

8.4.7 衛星画像の中身

衛星画像の中身は，ディジタル化した数値の集まりである．この数値を DN 値といい，0 から 255 までの値をもっているので，256 階調の濃度レベルで表現できる．衛星画像は画素によって構成されていて，たとえば，図 8.15 に示すような画素で構成されている画像を 256 階調で表現すると，図 8.14 のような画像になる．このように，一つひとつの画素の値は物理的な意味をもっているので，種々の統計処理を施すことにより，自然環境保全などの研究を行うことができる．

8.4.8 衛星画像の濃度値と画素数のヒストグラム

衛星画像中におけるその濃度値（CCT）をもった画素数をヒストグラムに示した例を図 8.16 に示す．横軸に濃度値（輝度値），縦軸に画素数（頻度）をとった棒グラフで表現される．この図 8.16 のヒストグラムは，その衛星画像がどのような濃度値をもった画素から成り立っているかの情報を集約したものであり，画像処理において非常に有用な情報の一つとなっている．衛星画像のダイナミックレンジの評価，2 値化画像のしきい値を決めたり，物体濃度値がほかの部分より大きい場合には，物体の面積を求めたりすることに利用される．

8.4.9 幾何補正

衛星画像は，衛星の軌道と地軸の傾きの不一致，地球の自転などの影響によってひずんでいることから，地図に合致するように幾何補正を行う必要がある．通常，回転

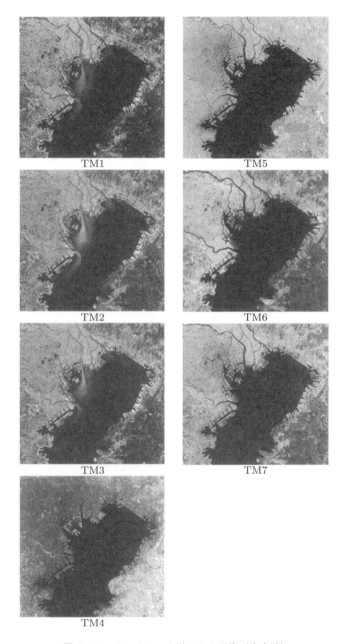

図 8.14 ランドサット単バンド画像(東京湾)

											ピクセル
44	48	62	58	54	48	43	50	50	42	42	32
48	46	43	44	66	39	39	54	45	49	47	59
49	55	48	51	48	52	50	51	46	36	60	49
45	53	61	47	46	51	33	41	52	50	38	39
47	41	40	41	40	37	35	42	42	42	44	35
30	30	28	30	31	32	28	29	46	38	39	41
40	46	52	39	57	43	39	38	40	43	46	49
41	38	44	52	44	60	55	53	35	35	36	40
39	39	40	42	35	31	34	57	29	30	35	37
40	35	39	34	29	34	34	32	32	33	35	33
42	33	42	36	34	32	35	35	35	38	37	33
34	31	32	35	33	35	32	35	38	35	37	34
34	36	38	34	32	40	42	42	36	41	38	38
37	36	35	36	35	38	36	37	34	36	35	37
38	35	36	35	41	38	34	36	35	35	35	34
38	35	37	40	34	35	37	45	35	38	35	38
37	38	34	35	36	35	38	41	36	36	42	47
44	43	41	43	42	38	36	41	40	37	38	37
45	42	39	49	46	36	42	48	43	45	45	39
39	48	40	44	39	46	40	41	43	42	38	41
38	35	37	31	40	52	41	39	42	45	41	36

ライン

図 8.15 DN 値

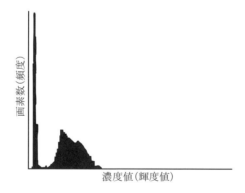

図 8.16 衛星画像の濃度値（輝度値）と画素数（頻度）のヒストグラムの例

と縮尺，縦横比の相異を考慮して，アフィン変換式を用いて幾何補正が行われる．アフィン変換は次の関係式で与えられる．

$$U_i = aX_i + bY_i + c \tag{8.2}$$
$$V_i = dX_i + eY_i + f \tag{8.3}$$

ここに，(X_i, Y_i) は地図座標であり，(U_i, V_i) は画像座標を表す．また，明瞭な画像座標

点 (U_i, V_i) と，それと対をなす地図座標点 (X_i, Y_i) $((i = 1, \cdots, n);$ n は標定点数) を標定点として9点以上選び出し，最小自乗法によって，係数 a, b, c, d, e, f を決定する．

$$D = \{U_i - (aX_i + bY_i + c)\}^2 + \{V_i - (dX_i + eY_i + f)\}^2 \quad (8.4)$$

D をそれぞれ $a \sim f$ で微分して

$$\frac{\partial D}{\partial a} = 0, \quad \frac{\partial D}{\partial b} = 0, \quad \frac{\partial D}{\partial c} = 0, \quad \frac{\partial D}{\partial d} = 0, \quad \frac{\partial D}{\partial e} = 0, \quad \frac{\partial D}{\partial f} = 0$$

を計算すると，次の連立方程式を得る．

$$\begin{bmatrix} \Sigma X_i^2 & \Sigma X_i Y_i & \Sigma X_i & 0 & 0 & 0 \\ \Sigma X_i Y_i & \Sigma Y_i^2 & \Sigma Y_i & 0 & 0 & 0 \\ \Sigma X_i & \Sigma Y_i & n & 0 & 0 & 0 \\ 0 & 0 & 0 & \Sigma X_i^2 & \Sigma X_i Y_i & \Sigma X_i \\ 0 & 0 & 0 & \Sigma X_i Y_i & \Sigma Y_i^2 & \Sigma Y_i \\ 0 & 0 & 0 & \Sigma X_i & \Sigma Y_i & n \end{bmatrix} \begin{bmatrix} a \\ b \\ c \\ d \\ e \\ f \end{bmatrix} = \begin{bmatrix} \Sigma U_i X_i \\ \Sigma U_i Y_i \\ \Sigma U_i \\ \Sigma V_i X_i \\ \Sigma V_i Y_i \\ \Sigma V_i \end{bmatrix}$$
$$(8.5)$$

式 (8.5) を解いて係数 $a \sim f$ を決定し，式 (8.2)，(8.3) からアフィン変換式を得る．標定点 (X_i, Y_i) をアフィン変換式に代入し，計算上の画像座標 (U_i', V_i') とサンプリングした画像座標 (U_i, V_i) との残差が1画素以内に納まらなければ，地図座標とそれに対応する画像座標をサンプリングし直し，残差を1画素以内に納める必要がある．

さらに，格子分割した地図座標を発生させて，アフィン変換式に代入し，画像座標をリサンプリングすることによって，地図に合致した画像が作成できる．

地図に合致させることで，衛星データと地上で得られた観測データ（グランドトルースデータ）の位置を対応付けることができる．また，衛星画像は，宇宙航空研究開発機構の埼玉県比企郡鳩山町にある地球観測センターで取得し，処理され，リモート・センシング技術センターで販売されている．

8.4.10 リモートセンシングの展望

人工衛星からの分解能が数十 cm のデータの入手も不可能ではなくなり，細かい情報も取得できるようになってきている．また，日本の地球観測衛星も数が増え，いつも地球を監視している状況に近づきつつある．今後，狭い地域から地球規模までの環境保全に役立つと思われる．

8.5 その他の測量新技術

8.5.1 地理情報システム
(1) 概　要
今日，情報化社会にあっては，たとえば設備の数量，危険箇所の程度など，数値化されたさまざまな情報にあふれている．これらの情報は，地図上の緯度・経度や座標に関連させることで整理すれば活用しやすい状態になる．このように，緯度・経度などで処理された情報を，地理空間情報とよぶ．たとえば，道路，河川，橋梁，上下水道，港湾施設などの社会資本に対し，その配置や経路，経年変化などを地図上で関連付けて整理された情報は，この地理空間情報にあたる．このようなさまざまな地理空間情報は，国や地方公共団体，さらに一般の事業者等によって，それぞれの目的に応じて整備されて利用されてきた．しかし，地図空間情報の利用が浸透していくに従い，これらの情報を横断的に地図上で組み合わせる試みの段階に至ると，同一の地図を用いていないため古い地図と新しい地図の混用や位置のずれなど，重ねることが難しいケースが明らかになってきた．そこで国土地理院では，地理空間情報の基準となる基盤地図情報を作成することとなり，2007年から整備を行っている．この結果，従来の地形図に代わる新たな国の基本図として，基盤地図情報に基づいた「電子国土基本図」により，縮尺レベル 2500 の高精度のデータがインターネットから無償で入手できるようになった．

(2) 情　報
地理情報システム（GIS）とは，コンピュータを用いて地理空間情報を電子地図に記録し，地理的な検討や分析を行うことのできる情報システムと定義される．この利用法は広く，各種のマーケティングで必要なデータの表示や土地の利用状況の可視化などの解析，また，災害時などの被害分布による状況把握などで，情報と地理情報システム（GIS）を組み合わせることで，電子地図上で一体的に処理して高度な分析を行うことが可能である．さらに，生活に密着した利用方法としては，感染症の流行，事故，火災，犯罪などの事象に対し，変化する状況を場所の情報と結びつけることにより，それらの対策を検討するのに GIS が導入されている．また，過疎地のデマンド交通や町内の独居老人などの高齢者に対する支援見守りサービス，車椅子使用者などのためのバリアフリーマップなど，地域社会のなかのさまざまな人たちのための公共サービスに役立てているケースがある．

(3) 応　用
図 8.17 は，GIS が福祉関係で利用されている例で，病院の所在地と診療科と電話番号など，病院に関係する情報を地図上にリンクしたものである．ここでは，地図情報

8.5 その他の測量新技術　171

図 8.17　GIS の例

ソフト上にアイコンを設定し，このアイコンにリンクされた情報が画面上で表示される．利用者が情報を得たい場合は，地図上で病院の位置を確認し，そのアイコンを指定することで，これにリンクしている住所・電話番号などが画面上に表れるようにシステム化されている．

また，既存の地図や国勢調査などの調査や統計データに加えて，ディジタルマッピングとリモートセンシングを加えて，GIS を構成することができる．この情報データは，地形，地質，植生，河川，湖沼，海，地物などの自然地理データや，道路，鉄道，建造物などの社会基盤データ，気象その他の自然条件・環境条件や，人口・工業・商業・農業・物流・交通・情報通信などの経済・社会活動データがある．これに，行政データ，公共企業体の施設データと，各企業の独自データなどが加わる（図 8.18 参照）．

この，GIS の応用範囲は，コンピュータの発達と相まって広がっている．その方法として，データベースに蓄積されたデータの重ね合せ（オーバレイ）による例（図 8.19

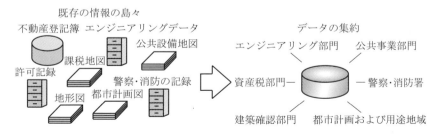

図 8.18　地理情報システムの概念図

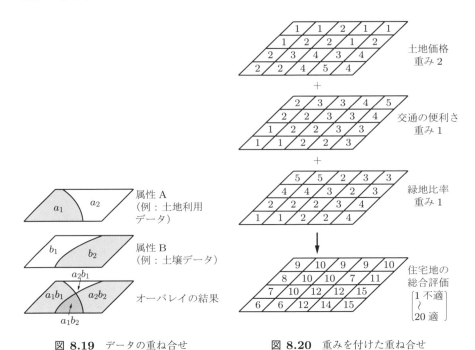

図 8.19　データの重ね合せ　　　図 8.20　重みを付けた重ね合せ

参照），さらに，複数の種類の属性データのそれぞれに対し，これに重みを付けて足し合わせることにより，総合的な評価地図が得られる例（図 8.20 参照）などがある．

8.5.2　数値標高モデル（DEM：Digital Elevation Model）

　数値標高モデルは，対象の場所を格子状（メッシュ状）に区切り，その中心の標高を数値で表してディジタル化した地図の表記手法である．国土地理院がまとめた国土数値情報によると，標高データでは 10 m メッシュと 5 m メッシュなどがある．その作成方法には，等高線を読み取って計測する方法と，航空レーザ測量で得られた画像をスキャンして地盤高を計測する方法がある．これには，1/25,000 の地図から計測して得られた 250 m メッシュの数値地図や，航空レーザスキャナ測量による 5 m メッシュの数値地図などがある．これらの地図データは，ディジタル化していることから，コンピュータグラフィックによる鳥瞰図や立体図の作成が容易である．図 8.21 は，国土地理院がまとめた基盤地図情報の標高データと地すべりの実績データに基づき，フリーソフト（カシミール 3D）によって作成した立体図である．このように，ディジタル化した地図上に種々の地図データを組み合わせることで，地図の利用法の拡大が可能である．

　ここで，基盤地図情報とは，2007 年に施行された「地理空間情報活用推進基本法」で規定された，電子地図上の位置に対する情報のことで，基盤地図情報（統合版）に

図 8.21 DEM の利用例（地すべり箇所：札幌，藻岩山）

よると行政界，海岸線，水涯線，水域，道路，鉄道，建物，街区，測量の基準点，標高点および等高線が数値標高モデルによって示されている．

8.5.3 移動計測車両による測量システム

移動計測車両による測量システムとは，車両に，8.3.2項で前述した測位センサ（GNSS）と画像センサ（INS）を搭載して，走行中の位置座標を測定するシステムをいう（図8.22参照）．

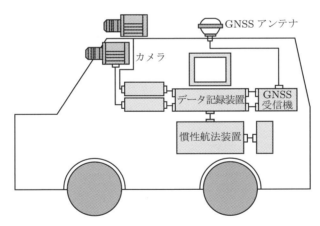

図 8.22 車両登載 GNSS/INS による地上測量

この，集積した位置・姿勢情報と，周辺の画像情報をデータベース化することで，現地において効率よく地理情報を収集して高品質な空間データを得ることができるほか，ガス漏れなどの緊急保安業務に役立てることができる．測位センサのうち，GNSS測量は最先端の測量技術として利用範囲が広がっているが，電波の届かない地下や地中や樹木の多い山間部では測量ができない欠陥がある．一方，航空機やロケットの誘導装置として用いられている慣性測量は，ジャイロセンサと加速度計で構成されている

が，地球の自転や重力の影響を受けやすいという難点がある．そこで，これら二つの装置を補完的に使用することで，高精度で信頼性の高い位置・姿勢計測が可能となっている．さらに，車両に搭載したディジタルカメラによる写真測量により，画像情報を得ることができる．

8.5.4 カーナビゲーションシステム

　カーナビゲーションシステム（自動車経路誘導システム）は，地図のデータベースを基本にしている．このデータは，全国の 1/25,000 の地図から道路情報を取り出してディジタル化したものであって，車道幅員，車線数，交通量などの情報を付加し，インターチェンジなどは 1/1,000 の工事平面図などから補完している．これだけの精度で，全国を統一した規格で整備したデータは世界でも珍しい．これに，上記の移動計測車両による計測システムを加えて，ドライバーに現在の走行位置を明示している．

　車と道路を情報化し，事故や渋滞を解消しようという目的から，カーナビゲーションシステムへ道路の交通情報を提供するための仕組みとして，道路交通情報通信システム（VICS）が開発・実用化されている．このシステムは，電波ビーコン，光ビーコン，FM 多重放送の三つのメディアによって，渋滞情報，主要地点間の所要時間，事故などの交通障害情報，交通規制情報，駐車場情報などの交通情報を，リアルタイムに無料で提供するものである．全国の高速道路や主要な一般道路において，ドライバーはカーナビゲーションに VICS 情報受信機を取り付けるだけで，これらの情報を重ね書きすることにより，目的地への経路や駐車場の選択などの判断が可能となっている．また，人工衛星経由でドライブ情報が提供されることも可能となっている（図 8.23 参照）．

　このほか，自動料金収受システムなど，多種類にわたる高度道路交通情報システム（ITS）が開発され，道路利用のインテリジェント化が図られている．

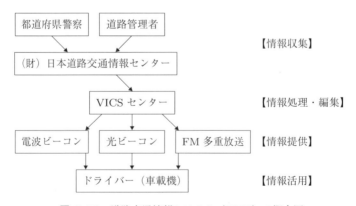

図 8.23　道路交通情報システム（VICS）の概念図

図 8.24 車に搭載されたカーナビゲーションシステム

8.6 測量器機の技術革新

8.6.1 トータルステーション
(1) トータルステーションの構成

3.1.3 項で前述した光波測距儀（光波距離計）は，1970 年代に鋼巻尺やインバール尺に代わるものとして普及した．これをもととして，3.2 節の角を測る機能も併せた測量器械が開発された．

これがトータルステーション（TS とよばれる）であり，セオドライト（角度観測）と光波測距儀（距離測定）とデータコレクタから構成されている．この器械により，高低差，水平距離，斜距離，高低角，水平角などを求めることができる．従来，現場で観測した角度・距離等は手書きの野帳に書き込み，コンピュータに入力して計算していたが，TS では観測した時点で直接データコレクタにデータが送り込まれ，コンピュータにも直接データが流れて計算するものである．図 8.25 は実際の測定の様子であり，

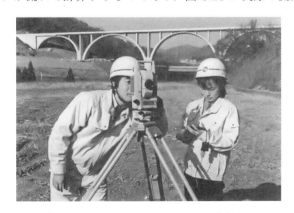

図 8.25 トータルステーションと電子野帳

176　第8章　ディジタル・サーベイイング

　図 8.26　トータルステーションの外観　　　図 8.27　反射プリズム

　図 8.26 は外観である．
　さらに，トータルステーションとパーソナルコンピュータやプロッタを組み合わせることにより，トータルステーション・システムとして観測した段階で，図面の処理まで短時間で一貫した連続処理を行うことができる．
　トータルステーションや光波測距儀で測定する場合には，それぞれ対応する反射プリズム（図 8.27）を測定場所にセットする．この測定にあたって，道路などではアスファルト面や路肩に鉄鋲（頭部に十字がついているもの）を打設し，これを基準となる測点（トラバー）としている．基準点上にトランシットをおいて求心する方法を用いて，トラバーの鉛直線上に本体を据え付ける．また，同様な方法で対象となる位置にプリズムをセットする．
　近年，測量作業の省力化・コスト削減・簡便化を図って，プリズムを自動捜索・自動追尾する機能を付加した装置が開発されている．これは，火山災害など悪環境下での測量無人化への道をひらくものである．
　トータルステーション・システムのおもな特徴は次のとおりである．
① レベルやトランシットの両方を取り替えることなく，1回の測定で水平角，鉛直角および斜距離を同時に測定できる．
② 測定と同時に，あらかじめ設定しておいた許容範囲に基づき測定データの点検がなされる．この結果は自動記録されるので野帳は省略される．
③ パーソナルコンピュータと組み合わせることで，測点の座標を決定することや辺の長さを計算するなど，現場での種々の作業に直接必要なデータを出力できる．
④ 自動製図機を使用することで，測量データや測量結果の再現が容易になる．また，測定結果を蓄積して時系列に沿って比較することで，異常箇所の管理に役立てることができる．

(2) 光波測距

前掲の図3.2を用いて光波測距の測定原理を示す．地点Aにある本体から発せられた光波が，地点Bにセットしたプリズムで反射し本体までの往復に要する時間を測定する．距離は，往復時間と波長を掛け合わせて求める．この場合に，直接光波の往復の時間を測定する方法は，光の速度は1秒間に約3億mであり，往復の時間を測定するには測定装置の精度を上げるために大型にせざるを得ないため，測量器械には不向きである．

(3) トータルステーションを用いた地形測量

Ⅰ) 平板測量と併用

地形測量をトータルステーションによっておこなう方法に，オンライン方式とオフライン方式がある．オンライン方式とは，測定した結果から携帯用パーソナルコンピュータを使用して図形表示をしながら編集まで，すべてを現場で行うものである．オフライン方式とは，現地では測定結果を取り込むところまでで，図形編集を別途行うものである．

従来の平板測量では，平板上のアリダードにより地物などを視準し，巻尺により距離測定を行い，ペンによりプロットしていた．この方法では，観測者の熟練度不足，巻尺のたわみなどが原因で誤差を生じやすい．そこで，電子平板とトータルステーションを併用することで，容易に視準点が三次元座標値で表示されるようになった．また，マンホール，電柱等に属性をもたせることにより，作業中に現況地形を確認することができ，高精度の現況元図を作成することが可能となった．そして，作業を効率的に行うため，出力装置とオンライン接続による図面出力により，図面の接合，トレース等の工程を省力し，測量データを標準化することで，図面の合成や尺度変更が簡単かつ高精度にできるようになった．

現場の測量作業では，地形測量ではトータルステーションを基準点にセットし，放射法によって各測点までの距離と角度を測定する．これは，従来の平板測量と同じ方法であるが，平板測量で骨格を決定し，トータルステーションで細部を測定することで精度が確保され，効率的な作業が可能となる．この場合には，平板を用いて作成した地形図をスキャナーなどで数値化するなどの作業が伴う．

編集作業にあたっては，地名，建物の名称，鉄道・道路の情報などを入力する．トータルステーションでは，これらの測定位置の確認資料に表現分類コードを付して編集し，コンピュータによる図形編集機能を用いて地形図を作成する．

以上の地形図を総合して張り合わせ，一定の大きさの総合図（地形原図）を作成する．

Ⅱ) GNSSと併用

一般的にTS地形測量とよばれるもので，地形原図を作成するとともにディジタル

マッピング（8.5.1 項）のデータファイルを作成することを目的にしている．

使用する装置類としては次のものがある．

① 測量器械：トータルステーションと GNSS 測量機．
② 編集用装置：CAD システム付きパーソナルコンピュータ，グラフィックディスプレイ．
③ 数値地図情報編集装置：図形，属性データ等の数値地図情報の追加，削除，修正などが編集できる装置．一般的に座標変換，移動，図の接合，オーバレイ，検索などの機能を有する．

実際の測量では，トータルステーションと GNSS を使用して地形や地物などを測定し，数値地形図の作成に必要な座標値などの数値データを求める．また，地形や地物などに分類コードを付す（例：表 8.4）．次に，数値編集作業では，測量で得られた地形や地物などの数値データをグラフィックディスプレイに表示し，分類コードを付加して編集する．

表 8.4 分類コード

分類コード	名称	分類コード	名称
2219	道路のトンネル	6102	土堤
2419	鉄道のトンネル	6111	コンクリート被覆
4219	坑口	6112	ブロック被覆
5211	防波堤	6113	石積被覆
5212	護岸　被覆	7201	土がけ（崩土）
5219	坑口　トンネル	7203	急斜面
5226	滝	7211	岩がけ
6101	人工斜面	⋮	

以上の編集済データにより，ディジタルマッピングファイルを作成する．また，編集済データを自動製図機に入力することで地形図原図を出力する．

8.6.2 ノンプリズム

トランシット，レベル，トータルステーションなどで測定する場合に，測定員を測定場所に配置しなければならない．広範囲で複雑な地形の場合には，トランシットなどの測定員を多数必要とする．これらの人数を少なくする目的で光波測距儀が開発され，トータルステーションでは，目標点にコーナ・キューブプリズムを設置して，この反射光で距離を測定する方法が開発された．

さらに，ノンプリズム測量では，このプリズムを用いないで，目標物に直接レーザを照査し，目標物から戻ってくるわずかな乱反射光で距離を測り，省力化を目指して

8.6 測量器機の技術革新　179

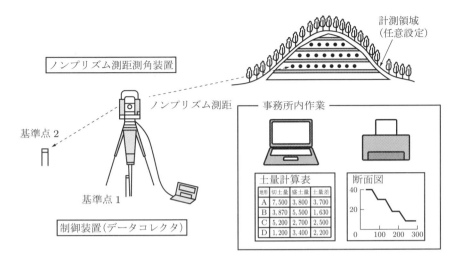

図 8.28　ノンプリズム自動計測システム

いる（図 8.28 参照）．この精度は，現在，cm の単位であるが，造成地の土工事などに広く活用されている．

8.6.3　ディジタルレベル

レベルによる水準測量で，標尺を読む労力を省き，効率的な作業をするために，ディジタルレベルが開発された（図 8.29 参照）．作業としては，観測者が望遠鏡をのぞい

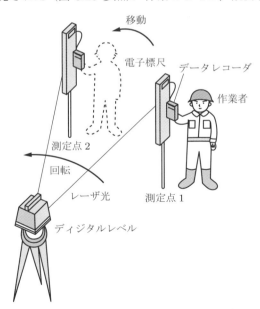

図 8.29　ディジタルレベル

て視準を合わせるだけであり，スタートボタンを押すと，バーコードの標尺によって，そのパターンを機器が読み込むものである．その結果，読取り誤差が減少し，効率化が図れる．さらに，高さと距離とを同時に自動記録することができるので，水準測量のほかにも応用範囲が広い．

＋＋ 演習問題 8 ＋＋

8.1 リモートセンシングで用いる周波数 $10\,\mathrm{GHz}$（$1\,\mathrm{G}=10^9$）の電磁波の波長は何 cm か．

8.2 リモートセンシングの定義について述べよ．

演習問題解答

第1章

1.1 1.2.3項参照のこと．伊能忠敬の測量隊は江戸幕府のお墨付きで全国の各藩を回ったので，その足跡は各地に残されている．市町村の史跡として残されている場合もある．

1.2 柳ヶ瀬トンネルは日本で初めて開削にダイナマイトを用いるなどで1883年に完成した．このトンネルは全長1,352mで当時としては最も長く，山岳トンネルの測量技術発展に重要な役割を果たした．その他，『日本の土木遺産』（森北出版）を参照されたい．

1.3 地球自体は磁石の性質をもっていて，巨大な磁石であるが，北極はS極，南極はN極で，磁気コンパスのN極は北極のS極に引っ張られる．その北極のS極は地球の真の北極とは位置がずれていることから，磁北は磁針の方向であっても真北ではない．表1.3を参照．

1.4 表1.4のとおりであるが，東京の場合，埋め込んである真鍮の位置より約1mずれていて，それが表示されている．

1.5 座標系の原点から130km以上離れると，平面座標系で示される距離と回転楕円体上の距離との間に1/10,000以上の差が生まれることによる．1.3.4項を参照．

1.6 1.3.6項および図1.12を参照．

第2章

2.1 古代ギリシャのころからアーチ橋の主材料は石材であったが，近代に入り鋼やコンクリートの開発でアーチ橋の構造に自由度が広がった．アーチ橋ではアーチ部材上はそのまま路面とはならず別に平坦な路面が必要である．石材ではアーチと路面の間に材料が隙間なく敷き詰めるが，鋼やコンクリートを用いるとアーチの上に柱を立てるだけで路面を設けることができる．その他，『土木の歴史』『日本の土木遺産』（森北出版）を参照されたい．

2.2 約 $\dfrac{1}{200,000}$，約 $\dfrac{1}{3,400}$，約 $\dfrac{1}{60}$

2.3 $\cos\theta - \Delta\theta \sin\theta$（$\cos\Delta\theta \fallingdotseq 1$, $\sin\Delta\theta \fallingdotseq \Delta\theta$ とする）

2.4 $b = 83.107$ m, $c = 100.842$ m

2.5 最確値：$77°27'28''$　標準偏差：$7''$

2.6 最確値：100.208 m　標準偏差：0.005 m

2.7 面積：$33,121.31$ m^2　標準偏差：10.1 m^2

第3章

3.1 温度補正，傾斜補正，張力補正，特性値による補正，たるみ補正などがある．とくに，傾斜補正量が大きな値となる．

3.2 単測法，倍角法，方向法の三つの方法がある．いずれの方法も，定誤差を消去し，測角の精度を向上させるための観測方法である．

3.3 昇降式野帳と器高式野帳の二つの記入方法がある．昇降式野帳は，中間点としてとくに

記録すべき主要な点がない場合に利用され，器高式野帳は中間点として多くの主要な点がある場合に利用される．

第 4 章
4.1 表 4.1 を参照されたい．
4.2 中規模の測量（市街地）で測点と測点が見通すことができる測量に多用される．土木測量の骨組み測量は，その大半でトラバース測量が実施されていると考えてよい．
4.3 開放トラバース，閉合トラバース，結合トラバースがある．閉合トラバースと結合トラバースでは，既知の三角点に結合させるため精度を確認できる．
4.4 図 4.4 を参照されたい．
4.5 4.5 節トラバースの調整計算 I)〜VIII) を参照されたい．
4.6 4.9.2 項の平均計算を参照されたい．
4.7 光波測距儀の発達により，測角の精度を上回るようになったこと，ならびに調整計算が身近なパソコンでもできるようになったことが大きな理由である．

第 5 章
5.1 5.1 概要の①〜④を参照されたい．
5.2 測板，三脚，アリダード，求心器，平板用製図紙，磁針，ポール，巻尺，筆記具など．
5.3 致心，整準，定位の三つの作業を標定という．
5.4 精度をある程度落としても，大至急に小地域の地図が必要なときに実施する．

第 6 章
6.1 接線長：32.874 m　曲線長：65.486 m　中央縦距：1.785 m
6.2 $R_1 = 320.00$ m, $R_2 = 160.00$ m, $R_3 = 106.67$ m, $R_4 = 80.00$ m
6.3 縦曲線長：60 m
　　$y_1 = 0.100$ m, $y_2 = 0.400$ m, $y_3 = 0.900$ m, $y_4 = 0.400$ m, $y_5 = 0.100$ m,
6.4 1/1,030

第 7 章
7.1 1/22,400
7.2 24 mm
7.3 17.85 km^2
7.4 8 mm
7.5 500 m
7.6 3 mm

第 8 章
8.1 3 cm
8.2 8.4.1 項を参照されたい．

付属資料

測量法（抜粋）
第1章　総則
第1節　目的及び用語
（目的）
第1条　この法律は、国若しくは公共団体が費用の全部若しくは一部を負担し、若しくは補助して実施する土地の測量又はこれらの測量の結果を利用する土地の測量について、その実施の基準及び実施に必要な権能を定め、測量の重複を除き、並びに測量の正確さを確保するとともに、測量業を営む者の登録の実施、業務の規制等により、測量業の適正な運営とその健全な発達を図り、もつて各種測量の調整及び測量制度の改善発達に資することを目的とする。
（測量）
第3条　この法律において「測量」とは、土地の測量をいい、地図の調製及び測量用写真の撮影を含むものとする。
（基本測量）
第4条　この法律において「基本測量」とは、すべての測量の基礎となる測量で、国土地理院の行うものをいう。
（公共測量）
第5条　この法律において「公共測量」とは、基本測量以外の測量で次に掲げるものをいい、建物に関する測量その他の局地的測量又は小縮尺図の調製その他の高度の精度を必要としない測量で政令で定めるものを除く。
一　その実施に要する費用の全部又は一部を国又は公共団体が負担し、又は補助して実施する測量
二　基本測量又は前号の測量の測量成果を使用して次に掲げる事業のために実施する測量で国土交通大臣が指定するもの
イ　行政庁の許可、認可その他の処分を受けて行われる事業
ロ　その実施に要する費用の全部又は一部について国又は公共団体の負担又は補助、貸付けその他の助成を受けて行われる事業
（基本測量及び公共測量以外の測量）
第6条　この法律において「基本測量及び公共測量以外の測量」とは、基本測量又は公共測量の測量成果を使用して実施する基本測量及び公共測量以外の測量（建物に関する測量その他の局地的測量又は小縮尺図の調製その他の高度の精度を必要としない測量で政令で定めるものを除く。）をいう。
（測量計画機関）
第7条　この法律において「測量計画機関」とは、前2条に規定する測量を計画する者をいう。測量計画機関が、自ら計画を実施する場合には、測量作業機関となることができる。
（測量作業機関）
第8条　この法律において「測量作業機関」とは、測量計画機関の指示又は委託を受けて測量作業を実施する者をいう。
（測量成果及び測量記録）
第9条　この法律において「測量成果」とは、当該測量において最終の目的として得た結果をいい、「測量記録」とは、測量成果を得る過程において得た作業記録をいう。

(測量標)
第10条　この法律において「測量標」とは、永久標識、一時標識及び仮設標識をいい、これらは、左の各号に掲げる通りとする。
一　永久標識　　三角点標石、図根点標石、方位標石、水準点標石、磁気点標石、基線尺検定標石、基線標石及びこれらの標石の代りに設置する恒久的な標識（験潮儀及び験潮場を含む。）をいう。
二　一時標識　　測標及び標杭をいう。
三　仮設標識　　標旗及び仮杭をいう。
2. 前項に掲げる測量標の形状は、国土交通省令で定める。
3. 基本測量の測量標には、基本測量の測量標であること及び国土地理院の名称を表示しなければならない。
(測量業)
第10条の2　この法律において「測量業」とは、基本測量、公共測量又は基本測量及び公共測量以外の測量を請け負う営業をいう。
(測量業者)
第10条の3　この法律において「測量業者」とは、第55条の5第1項の規定による登録を受けて測量業を営む者をいう。
第2節　測量の基準
(測量の基準)
第11条　基本測量及び公共測量は、次に掲げる測量の基準に従つて行わなければならない。
一　位置は、地理学的経緯度及び平均海面からの高さで表示する。ただし、場合により、直角座標及び平均海面からの高さ、極座標及び平均海面からの高さ又は地心直交座標で表示することができる。
二　距離及び面積は、第3項に規定する回転楕円体の表面上の値で表示する。
三　測量の原点は、日本経緯度原点及び日本水準原点とする。ただし、離島の測量その他特別の事情がある場合において、国土地理院の長の承認を得たときは、この限りでない。
四　前号の日本経緯度原点及び日本水準原点の地点及び原点数値は、政令で定める。
2. 前項第1号の地理学的経緯度は、世界測地系に従つて測定しなければならない。
3. 前項の「世界測地系」とは、地球を次に掲げる要件を満たす扁平な回転楕円体であると想定して行う地理学的経緯度の測定に関する測量の基準をいう。
一　その長半径及び扁平率が、地理学的経緯度の測定に関する国際的な決定に基づき政令で定める値であるものであること。
二　その中心が、地球の重心と一致するものであること。
三　その短軸が、地球の自転軸と一致するものであること。

第2章　基本測量
第1節　計画及び実施
(土地の立入及び通知)
第15条　国土地理院の長又はその命を受けた者若しくは委任を受けた者は、基本測量を実施するために必要があるときは、国有、公有又は私有の土地に立ち入ることができる。
2. 前項の規定により宅地又はかき、さく等で囲まれた土地に立ち入ろうとする者は、あらかじめその占有者に通知しなければならない。但し、占有者に対してあらかじめ通知することが困難であるときは、この限りでない。
3. 第1項に規定する者が、同項の規定により土地に立ち入る場合においては、その身分を示す証明書を携帯し、関係人の請求があつたときは、これを呈示しなければならない。
4. 前項に規定する証明書の様式は、国土交通省令で定める。
(障害物の除去)

第 16 条　国土地理院の長又はその命を受けた者若しくは委任を受けた者は、基本測量を実施するためにやむを得ない必要があるときは、あらかじめ所有者又は占有者の承諾を得て、障害となる植物又はかき、さく等を伐除することができる。
第 17 条　国土地理院の長又はその命を受けた者若しくは委任を受けた者は、山林原野又はこれに類する土地で基本測量を実施する場合において、あらかじめ所有者又は占有者の承諾を得ることが困難であり、且つ、植物又はかき、さく等の現状を著しく損傷しないときは、前条の規定にかかわらず、承諾を得ないで、これらを伐除することができる。この場合においては、遅滞なく、その旨を所有者又は占有者に通知しなければならない。
（土地等の一時使用）
第 18 条　国土地理院の長又はその命を受けた者若しくは委任を受けた者は、基本測量を実施する場合において、仮設標識を設置するために必要があるときは、あらかじめ占有者に通知して、土地、樹木、又は工作物を一時使用することができる。但し、占有者に対しあらかじめ通知することが困難であるときは、通知することを要しないものとする。
（土地の収用又は使用）
第 19 条　政府は、基本測量を実施するために、必要があるときは、土地、建物、樹木若しくは工作物を収用し、又は使用することができる。
2. 前項の規定による収用又は使用に関しては、土地収用法（昭和 26 年法律第 219 号）を適用する。
（損失補償）
第 20 条　第 16 条から第 18 条までの規定による植物、垣若しくはさく等の伐除又は土地、樹木若しくは工作物の一時使用により、損失を受けた者がある場合においては、政府は、その損失を受けた者に対して、通常生ずべき損失を補償しなければならない。
2. 前項の規定により補償を受けることができる者は、その補償金額に不服がある場合においては、政令で定めるところにより、その金額の通知を受けた日から 1 月以内に、土地収用法第 94 条第 2 項の規定による収用委員会の裁決を求めることができる。
（測量標の保全）
第 22 条　何人も、国土地理院の長の承諾を得ないで、基本測量の測量標を移転し、汚損し、その他その効用を害する行為をしてはならない。
（測量標の使用）
第 26 条　基本測量以外の測量を実施しようとする者は、国土地理院の長の承認を得て、基本測量の測量標を使用することができる。
第 2 節　測量成果
（測量成果の公表及び保管）
第 27 条　国土交通大臣は、基本測量の測量成果を得たときは、当該測量の種類、精度並びにその実施の時期及び地域その他必要と認める事項を官報で公告しなければならない。
2. 国土交通大臣は、基本測量の測量成果のうち地図その他一般の利用に供することが必要と認められるものについては、これらを刊行し、又はこれらの内容である情報を電磁的方法（電子情報処理組織を使用する方法その他の情報通信の技術を利用する方法をいう。以下同じ。）であつて国土交通省令で定めるものにより不特定多数の者が提供を受けることができる状態に置く措置をとらなければならない。
3. 国土地理院の長は、基本測量の測量成果及び測量記録を保管し、国土交通省令で定めるところにより、これを一般の閲覧に供しなければならない。

第 3 章　公共測量
第 1 節　計画及び実施
（公共測量の基準）

第32条　公共測量は、基本測量又は公共測量の測量成果に基いて実施しなければならない。
(作業規程)
第33条　測量計画機関は、公共測量を実施しようとするときは、当該公共測量に関し観測機械の種類、観測法、計算法その他国土交通省令で定める事項を定めた作業規程を定め、あらかじめ、国土交通大臣の承認を得なければならない。これを変更しようとするときも、同様とする。
2. 公共測量は、前項の承認を得た作業規程に基づいて実施しなければならない。
(作業規程の準則)
第34条　国土交通大臣は、作業規程の準則を定めることができる。
(公共測量の調整)
第35条　国土交通大臣は、測量の正確さを確保し、又は測量の重複を除くためその他必要があると認めるときは、測量計画機関に対し、公共測量の計画若しくは実施について必要な勧告をし、又は測量計画機関から公共測量についての長期計画若しくは年度計画の報告を求めることができる。
(計画書についての助言)
第36条　測量計画機関は、公共測量を実施しようとするときは、あらかじめ、次に掲げる事項を記載した計画書を提出して、国土地理院の長の技術的助言を求めなければならない。その計画書を変更しようとするときも、同様とする。
一　目的、地域及び期間
二　精度及び方法
第2節　測量成果
(測量成果の提出)
第40条　測量計画機関は、公共測量の測量成果を得たときは、遅滞なく、その写を国土地理院の長に送付しなければならない。
2. 国土地理院の長は、前項の場合において必要があると認めるときは、測量記録の写の送付を求めることができる。

第4章　基本測量及び公共測量以外の測量
(届出等)
第46条　基本測量及び公共測量以外の測量を実施しようとする者は、あらかじめ、国土交通省令で定めるところにより、その旨を国土交通大臣に届け出なければならない。
2. 国土交通大臣は、前項の規定による届出があつた場合において、測量の正確さを確保するため必要があると認めるときは、その届出をした者に対し、その届出に係る基本測量及び公共測量以外の測量の実施について必要な勧告をすることができる。
3. 国土交通大臣は、前項の規定により勧告をするに当たつては、当該届出に係る基本測量及び公共測量以外の測量の実施を妨げることとならないよう当該勧告の内容について特に配慮しなければならない。
(測量成果及び測量記録の提出等)
第47条　前条第1項の規定による届出のあつた測量で、国土交通大臣が公共性を有すると認めて指定するものについては、国土地理院の長は、当該測量の実施者に対して、当該測量の測量成果若しくは測量記録の閲覧又はこれらの写しの提出を求めることができる。この場合において、測量成果又は測量記録の写しの提出を求めるときは、その写しの作成に要する費用は、国の負担とする。
2. 前項の測量の実施者は、正当な理由があるときは、同項の規定による測量成果若しくは測量記録の閲覧又はこれらの写しの提出を拒むことができる。

第5章　測量士及び測量士補
(測量士及び測量士補)

第 48 条　技術者として基本測量又は公共測量に従事する者は、第 49 条の規定に従い登録された測量士又は測量士補でなければならない。
2. 測量士は、測量に関する計画を作製し、又は実施する。
3. 測量士補は、測量士の作製した計画に従い測量に従事する。
（測量士及び測量士補の登録）
第 49 条　次条又は第 51 条の規定により測量士又は測量士補となる資格を有する者は、測量士又は測量士補になろうとする場合においては、国土地理院の長に対してその資格を証する書類を添えて、測量士名簿又は測量士補名簿に登録の申請をしなければならない。
2. 測量士名簿及び測量士補名簿は、国土地理院に備える。
3. 第 1 項の規定により登録の申請をしようとする者は、実費を勘案して政令で定める額の手数料を納めなければならない。
（測量士となる資格）
第 50 条　次の各号のいずれかに該当する者は、測量士となる資格を有する。
一　大学（短期大学を除き、旧大学令（大正 7 年勅令第 388 号）による大学を含む。）であつて文部科学大臣の認定を受けたもの（以下この号、次条、第 51 条の 5 及び第 51 条の 6 において単に「大学」という。）において、測量に関する科目を修め、当該大学を卒業した者で、測量に関し 1 年以上の実務の経験を有するもの
二　短期大学又は高等専門学校（旧専門学校令（明治 36 年勅令第 61 号）による専門学校を含む。）であつて文部科学大臣の認定を受けたもの（以下この号、次条、第 51 条の 5 及び第 51 条の 6 において「短期大学等」と総称する。）において、測量に関する科目を修め、当該短期大学等を卒業した者で、測量に関し 3 年以上の実務の経験を有するもの
三　測量に関する専門の養成施設であつて第 51 条の 2 から第 51 条の 4 までの規定により国土交通大臣の登録を受けたものにおいて 1 年以上測量士補となるのに必要な専門の知識及び技能を修得した者で、測量に関し 2 年以上の実務の経験を有するもの
四　測量士補で、測量に関する専門の養成施設であつて第 51 条の 2 から第 51 条の 4 までの規定により国土交通大臣の登録を受けたものにおいて高度の専門の知識及び技能を修得した者
五　国土地理院の長が行う測量士試験に合格した者
（測量士補となる資格）
第 51 条　次の各号のいずれかに該当する者は、測量士補となる資格を有する。
一　大学において、測量に関する科目を修め、当該大学を卒業した者
二　短期大学等において、測量に関する科目を修め、当該短期大学等を卒業した者
三　前条第 3 号の登録を受けた測量に関する専門の養成施設において 1 年以上測量士補となるのに必要な専門の知識及び技能を修得した者
四　国土地理院の長が行う測量士補試験に合格した者

第 6 章　測量業者
第 1 節　登録
（測量業者の登録及び登録の有効期間）
第 55 条　測量業を営もうとする者は、この法律の定めるところにより、測量業者としての登録を受けなければならない。
2. 前項の登録の有効期間は、5 年とする。
3. 第 1 項の登録の有効期間の満了後引き続き測量業を営もうとする者は、更新の登録を受けなければならない。
4. 前項の更新の登録を受けようとする者が次条第 1 項の規定による申請をした場合において、第 1 項の登録の有効期間の満了の日までに、第 55 条の 5 第 1 項の規定による登録又は第 55 条の 6 第 1 項の規定による登録の拒否の処分がなされないときは、それらの処分があるまでは、第 2 項

の規定にかかわらず、第1項の登録は、なお効力を有するものとみなす。
(登録の申請)
第55条の2 前条第1項の規定により登録を受けようとする者(前条第3項の規定により更新の登録を受けようとする者を含む。以下「登録申請者」という。)は、国土交通省令で定めるところにより、国土交通大臣に、次に掲げる事項を記載した登録申請書を提出しなければならない。
一 商号又は名称
二 営業所(本店又は支店若しくは政令で定めるこれに準ずるものをいう。以下同じ。)の名称及び所在地
三 法人である場合においては、その資本金又は出資の額及び役員の氏名
四 個人である場合においては、その氏名
五 主として請け負う測量の種類及び測量業以外の営業又は事業を行っている場合においては、当該営業又は事業の種類
(登録申請書の添付書類)
第55条の3 前条の登録申請書には、国土交通省令で定めるところにより、次に掲げる書類を添付しなければならない。
一 営業経歴書及び法人である場合においては、定款
二 直前2年の各事業年度における測量実施金額を記載した書面
三 直前1年の事業年度の財務に関する書類で国土交通省令で定めるもの
四 使用人数並びに営業所ごとの測量士及び測量士補の人数を記載した書面
五 登録申請者(法人である場合においては、その役員を含む。)及び法定代理人が第55条の6第1項第1号から第5号までに該当しない者であることを誓約する書面
六 第55条の13に規定する要件を備えていることを誓約する書面
(測量士の設置)
第55条の13 測量業者は、その営業所ごとに測量士を1人以上置かなければならない。
2. 前項の規定は、測量業者(法人である場合においては、その役員のうちいずれかの役員)が測量士であるときは、その者が自ら主として業務を行なう営業所については、適用しない。
(無登録営業の禁止)
第55条の14 第55条の5第1項の規定による登録を受けない者は、測量業を営むことができない。
第2節 業務
(業務処理の原則)
第56条 測量業者は、その業務を誠実に行ない、常に測量成果の正確さの確保に努めなければならない。
(一括下請負の禁止)
第56条の2 測量業者は、いかなる方法をもつてするかを問わず、その請け負つた測量を一括して他人に請け負わせ、又は他の測量業者から当該他の測量業者の請け負つた測量を一括して請け負つてはならない。
2. 前項の規定は、元請負人があらかじめ注文者の書面による承諾を得た場合には、適用しない。
3. 注文者は、前項の規定による書面による承諾に代えて、政令で定めるところにより、同項の元請負人の承諾を得て、電磁的方法であつて国土交通省令で定めるものにより、同項の承諾をする旨の通知をすることができる。この場合において、当該注文者は、当該書面による承諾をしたものとみなす。
(測量業者以外の者に対する下請負の禁止)
第56条の3 測量業者は、その請け負つた測量(第4条から第6条までに規定する測量に限る。第57条第2項第4号及び第59条において同じ。)を測量業者以外の者に請け負わせてはならない。

（下請負人の変更請求）
第56条の4　注文者は、測量業者に対して、測量の実施につき著しく不適当と認められる下請負人があるときは、その変更を請求することができる。ただし、あらかじめ注文者の書面による承諾を得て選定した下請負人については、この限りでない。
2. 注文者は、前項ただし書の規定による書面による承諾に代えて、政令で定めるところにより、同項ただし書の規定により下請負人を選定する者の承諾を得て、電磁的方法であつて国土交通省令で定めるものにより、同項ただし書の承諾をする旨の通知をすることができる。この場合において、当該注文者は、当該書面による承諾をしたものとみなす。
（標識の掲示）
第56条の5　測量業者は、その店舗ごとに、公衆の見やすい場所に、国土交通省令で定める標識を掲げなければならない。

測量法施行令（抜粋）
第1章　総則
（局地的測量又は高度の精度を必要としない測量の範囲）
第1条　測量法（以下「法」という。）第5条及び法第6条に規定する政令で定める局地的測量又は高度の精度を必要としない測量は、次の各号に掲げるものとする。
一　建物に関する測量
二　100万分の1未満の小縮尺図の調製
三　横断面測量
四　前各号に掲げるものを除くほか、次に掲げる測量。ただし、既に実施された公共測量又は基本測量及び公共測量以外の測量に追加して、又は当該測量を修正するために行なわれる測量を除く。
　イ　三角網の面積が7平方キロメートル（北海道にあつては、10平方キロメートル）未満であり、かつ、基本測量又は公共測量によつて設けられた三角点又は図根点を2点以上使用しない三角測量
　ロ　路線の長さが6キロメートル（北海道にあつては、10キロメートル）未満であり、かつ、基本測量又は公共測量によつて設けられた三角点、図根点又は多角点を2点以上使用しない多角測量
　ハ　路線の長さが10キロメートル未満であり、かつ、基本測量又は公共測量によつて設けられた水準点を2点以上使用しない水準測量（縦断面測量を含む。以下この条において同じ。）
　ニ　面積が7平方キロメートル（北海道にあつては、10平方キロメートル）未満であり、かつ、基本測量又は公共測量によつて設けられた三角点、図根点、多角点又は水準点を2点以上使用しない地形測量又は平面測量
五　前各号に掲げるものを除くほか、誤差の許容限度（2以上の誤差の許容限度が定められる場合においては、そのすべての誤差の許容限度）が次に掲げる数値をこえる測量。ただし、既に実施された公共測量又は基本測量及び公共測量以外の測量に追加して、又は当該測量を修正するために行なわれる測量を除く。
　イ　三角測量にあつては、三角形の角の閉合差が90秒又は辺長の較差がその辺長の2,000分の1
　ロ　多角測量にあつては、座標の閉合比が1,000分の1
　ハ　水準測量にあつては、閉合差が5センチメートルに路線の長さ（単位は、キロメートルとする。）の平方根を乗じたもの
　ニ　地形測量又は平面測量にあつては、図上における平面位置の誤差が2ミリメートル
2. 三角測量、多角測量、水準測量、地形測量又は平面測量の2以上の測量が1の計画に基づいて行なわれる場合において、そのうちのいずれかが前項第4号及び第5号の測量に該当しないものであるときは、当該計画に係る測量は、同項の規定にかかわらず、同項第4号及び第5号の測量

に該当しないものとする。
(日本経緯度原点及び日本水準原点)
第2条 法第11条第1項第4号に規定する日本経緯度原点の地点及び原点数値は、次のとおりとする。
一 地点 東京都港区麻布台2丁目18番1地内日本経緯度原点金属標の十字の交点
二 原点数値 次に掲げる値
イ 経度 東経139度44分28秒8869
ロ 緯度 北緯35度39分29秒1572
ハ 原点方位角 32度20分46秒209(前号の地点において真北を基準として右回りに測定した茨城県つくば市北郷1番地内つくば超長基線電波干渉計観測点金属標の十字の交点の方位角)
2. 法第11条第1項第4号に規定する日本水準原点の地点及び原点数値は、次のとおりとする。
一 地点 東京都千代田区永田町1丁目1番2地内水準点標石の水晶板の零分画線の中点
二 原点数値 東京湾平均海面上24.3900メートル
(長半径及び扁平率)
第3条 法第11条第3項第1号に規定する長半径及び扁平率の政令で定める値は、次のとおりとする。
一 長半径 6,378,137メートル
二 扁平率 298.257222101分の1

第4章 試験
(測量士試験)
第17条 法第50条第5号に規定する測量士試験は、同条第1号から第4号までの資格を有する者と同一の程度の専門的学識及び応用能力を有するかどうかを判定することを目的とし、法別表第1の1の項第6号から第8号まで及び第13号並びに同表の2の項第1号及び第5号から第9号までに掲げる科目(同表の1の項第13号に掲げる科目にあつては、国土交通省令で定めるものに限る。)について行う。
(測量士補試験)
第18条 法第51条第4号に規定する測量士補試験は、測量士補となるのに必要な専門的技術を有するかどうかを判定することを目的とし、法別表第1の1の項第1号及び第6号から第13号までに掲げる科目(同号に掲げる科目にあつては、国土交通省令で定めるものに限る。)について行う。

参考文献

1) 国土交通省大臣官房技術調査室監修：国土交通省公共測量作業規程 解説と運用，(社) 日本測量協会，2008 年
2) (社) 日本道路協会：日本道路史
3) 大木正喜：測量学 第 2 版，森北出版，2015 年
4) 武田通治：測量，古今書院，1979 年
5) 中村英夫，村井俊治：測量学，技報堂出版，2000 年
6) 国立天文台：理科年表，丸善
7) (社) 土木学会：明治以前日本土木史，岩波書店，1936 年
8) (社) 土木学会：日本土木史 (大正元年～昭和 15 年)
9) (社) 土木学会：日本土木史 (昭和 16 年～昭和 40 年)
10) (社) 土木学会：日本土木史 (昭和 41 年～平成 2 年)
11) 日本リモートセンシング研究会編：改訂版 図解リモートセンシング，日本測量協会，2004 年
12) 稲葉和雄・竹本典道・矢口彰・斉藤隆：国土地理院における測量先端技術，土木学会論文集，No. 560/VI-34, 1997-3, pp.1-14
13) 石原操・飛田幹男・福崎順洋：宇宙の電波で地球を測る，測量 1998-1, pp.27-33，(社) 日本測量協会
14) 佐田達典：実務者のための GPS 測量，(社) 日本測量協会，1995 年
15) 丸安隆和：測量のための数学，オーム社，1966 年
16) 長谷川博，大嶋太市，原田静男：わかり易い土木講座 2，測量 (I) 基礎 新訂版，彰国社，1995 年
17) 村井俊治：ジオインフォマチックスの世界，(社) 日本測量協会，1996 年
18) 土屋 清：リモートセンシング概論，朝倉書店，1990 年
19) 道路交通情報通信システム推進協議会：道路交通情報通信システムセンターの設立資料，1995 年
20) 測量編集委員会編：ノンプリズム自動計測システム，測量 1996-1, pp.17-24，(社) 日本測量協会
21) 測量編集委員会編：デジタル・レベル，測量 1996-6, pp.17-24，(社) 日本測量協会
22) 田中修三ほか：ポートアイランドの液状化への測量学的考察，写真測量とリモート・センシング，Vol. 36-6，日本写真測量学会，1998
23) 佐々波清夫監修，水尾藤久著：増補 教程写真測量，山海堂，1996 年
24) 石井一郎：土木積算学入門，技術書院，1996 年
25) 国土交通省大臣官房技術調査室・国土地理院企画部測量指導課：国土交通省公共測量作業規程の改正，測量 1996-1, pp.25-44，(社) 日本測量協会
26) 国土交通省大臣官房技術調査室監修：国土交通省公共測量作業規定，(社) 日本測量協会，2008 年
27) 丸安隆和監修・吉田信一・吉村敏夫・清水征男：河川・発電水力計画に伴う測量設計，山海

堂，1980 年
28) 竹内俊夫・横山勝信・江川太朗：河川測量，森北出版，1967 年
29) 米谷栄二・山田善一 他：測量学 新版 一般編，丸善，1962 年
30) 丸安隆和：大学課程測量（1）第 2 版，オーム社，1991 年
31) 兼杉博：測量学詳説，理工図書，1975 年
32) 北陸補償実務研究会：用地交渉の手引，第一法規，1993 年
33) 用地補償研修業務研究会編：用地取得と補償 7 版，財団法人全国建設研修センター，2011 年
34) 小林忠雄編：公共用地の取得に伴う損失補償基準要綱の解説，近代図書，1988 年
35) 国土交通省関東地方建設局：用地調査等共通仕様書
36) 石井一郎：用地測量，兵測協 No.30
37) 兼杉博：実力養成 測量学詳説—応用編—，理工図書，1975 年
38) 春日屋伸昌：測量学 II，朝倉書店，1979 年
39) 丸安隆和：大学課程測量（2）第 2 版，オーム社，1992 年
40) 中村英夫・柴田耕爾・原田静男：測量（II）応用，彰国社，1981 年
41) 長谷川博・植田紳治・小川幸夫・笠松清：改訂測量（2），コロナ社，1990 年
42) 福永宗雄：土木測量ポケットブック，山海堂，1990 年
43) 石原藤次郎・森　忠次 他：測量学 新版 応用編，丸善，1974 年
44) 神谷進：鉄道曲線 改訂増補第 8 版，交友社，1982 年
45) 土屋淳・辻宏道：GPS 測量，（社）日本測量協会，1996 年
46) 吉沢孝和：測量作業の基礎知識，（社）日本測量協会，1988 年
47) （財）全国建設研修センター，工事測量現場必携 第 3 版，森北出版，2003 年
48) 国土交通大臣官房技術調査室監修：国土交通省公共測量作業規定 解説と運用，（社）日本測量協会，1996 年
49) 測量法（一部改正：平成二三年六月三日　法律第六一号）
50) 測量法施行令（一部改正：平成二三年一〇月二一日　政令第三二六号）
51) 測量法施行規則（一部改正：平成二六年三月二五日　国土交通省令第二一号）
52) 作業規程の準則（一部改正：平成二五年五月一〇日　国土交通省告示 334 号）
53) 地理空間情報活用推進基本法（平成十九年五月三十日　法律第六十三号）
54) 地理空間情報活用推進基本計画（平成二四年三月二七日　閣議決定）
55) 国土地理院：GNSS 測量による標高の測量マニュアル（2014 年 4 月）
56) 国土地理院：電子基準点のみを既知点とした基準点測量マニュアル（2014 年 4 月）
57) 国土地理院：公共測量におけるセミ・ダイナミック補正マニュアル（2013 年 6 月）
58) 国土地理院：移動計測車両による測量システムを用いる数値地形図データ作成マニュアル（案）（2012 年 5 月）
59) 国土地理院：ディジタル空中写真測量（フィルム航空カメラ版）公共測量作業マニュアル（案）（2006 年度）
60) 国土地理院：航空レーザ測量による数値標高モデル（DEM）作成マニュアル（案）（2006 年 4 月改定）
61) 国土地理院：ネットワーク型 RTK-GPS を利用する公共測量作業マニュアル（案）（2005 年度）
62) 国土地理院：ディジタルオルソ作成の公共測量作業マニュアル（2003 年度）

索　引

英数字
GIS　170
GNSS 測量　156
GRS-80 楕円体　8
IMU（慣性計測装置）　152
RTK（Real Time Kinematic）法　162
VLBI 観測網　155
VLBI 測量　154

あ 行
アーチ理論　27
アリダード　106
緯　距　77, 85
異精度　35, 41
緯　度　7
移動計測車両による測量システム　173
インバール尺　46, 99
衛星画像　165
エスロンテープ　45
円周率　27
横　距　80
横断測量　133

か 行
解析空中三角測量　143
回転楕円体　6
外部標定　151
ガウス-クリューゲル投影法　11
角測量　51
河床勾配　133
河川測量　130
カーナビゲーションシステム　174

簡易実体鏡　147
干渉測位　157
観　測　73
カント　119
緩和曲線　124
幾何補正　166
基準点　137
基　線　99
キネマティック法　161
気泡管　56
基本測量　19, 70, 98
求心器　107
境界確認　136
境界測量　137
行基図　2
距離測量　44
距離標　131
空中写真測量　140
クロソイド曲線　125
計画線調査　118
経　距　77, 85
経　度　7
系統誤差　33
結合トラバース　75
検基線　99
検　地　3
権利者　136
合緯距　79, 86
公共測量　20, 21, 70
合経距　79, 86
交互水準測量　69
公　差　48
工事測量　118
光波測距　177
光波測距儀　45
後方交会法　112

国内超長基線測量　156
誤　差　33, 65, 79
誤差関数　37
誤差伝播　39
国家基準点　15
弧　度　29

さ 行
最確値　34
最小自乗法　37
作業規程　23
座　北　12
三角関数　29
三角公式　31
三角鎖　98
三角測量　70, 98, 130
三角点　15
三角網　98
三　脚　106
残　差　34
三次放物線　127
三辺測量　70, 100
ジオイド　6
子午線　7
視　差　147
実測調査　118
実体視　146
実体図化機　149
磁　北　12
写真測量　140
縦断曲線　123
準頂点衛星システム（QZSS）　158
人工衛星　165
人工衛星レーザ測距　156
深浅測量　134

真 北　12
水準原点　15, 61
水準測量　60, 131
水準点　15
水面勾配　133
数値標高モデル　172
図 化　144
スタジア測量　48
スタティック法　160
正弦定理　31
整 準　108
製 図　144
製図用紙　106
絶対測位　159
絶対標定　151
選 点　72
前方交会法　111
相互標定　151
造 標　72
測地学　1
測地学的測量　19
測地系　7
測定値　33
測 板　104
側方交会法　111
測量業者登録　26
測量士　24
測量士補　24

た 行

対空標識　142
多角点　15
単曲線　120
単測法　57
致 心　108
地籍調査　3
中央縦距法　121
調整量　85, 91, 97

超長基線電波干渉法　154
地理空間情報　159
地理情報システム　170
定 位　108
定誤差　33
ディジタルオルソ　152
ディジタルレベル　179
展開図　75
電子基準点　16
電磁波　164
転写連続図　135
踏 査　72
等精度　35, 40
導線法　110
特性値　48
トータルステーション　175
土地登記簿　135
トラバース測量　70, 71, 82, 131
トランジット　54

な 行

布巻尺　49
ネットワーク型RTK法　163
ノンプリズム　178

は 行

倍横距　80
倍角法　57
鋼巻尺　46
バーニア　55
反向曲線　119
反射式実体鏡　147
反射分光特性　164
標 尺　62
標準偏差　34
標定点測量　142

複合曲線　119
閉合差　96
閉合トラバース　75
閉合比　77, 85, 90, 96
平板測量　104
平面曲線　118
平面直角座標　9
平面的測量　19
ベッセル楕円体　8
偏 角　12
偏角設置法　120
編 集　144
方位角　14
方向角　14, 73, 76, 83, 89, 95
方向法　58
放射法　110
補測作業　144
ポール　107

ま 行

メスマーク　147
尺 度　44

や 行

野 帳　63
用地測量　118, 135
余弦定理　32
横メルカトル投影法　11
予備調査　117

ら 行

リモートセンシング　163
レベル　61
レムニスケート曲線　129
路線測量　117

著者略歴

上浦　正樹（かみうら・まさき）東京都出身，工学博士
　1976 年　東京工業大学大学院修士課程修了，日本国有鉄道勤務，日本貨物鉄道株式会社（JR 貨物）勤務を経て，現在，北海学園大学名誉教授．

姫野　賢治（ひめの・けんじ）東京都出身，工学博士
　1979 年　東京大学工学部土木工学科卒業，防衛庁防衛施設庁勤務，東京工業大学工学部土木工学科助手，北海道大学工学部土木工学科助教授を経て，現在，中央大学理工学部都市環境学科教授．

亀野　辰三（かめの・たつみ）大分県出身，博士（工学）
　1981 年　慶應義塾大学経済学部経済学科卒業，大分大学大学院工学研究科環境工学専攻博士後期課程修了，大分工業高等専門学校勤務，現在，大分工業高等専門学校名誉教授．

石井　一郎（いしい・いちろう）神戸市出身，工学博士
　1948 年　東京大学工学部土木工学科卒業，建設省勤務，日本道路公団へ出向，建設省土木研究所道路部長兼東京工業大学大学院非常勤講師，東洋大学教授兼東京工業大学大学院非常勤講師を経て，三城コンサルタント顧問，著述業・写真家．2011 年死去．

田中　修三（たなか・しゅうぞう）兵庫県出身，工学博士
　1980 年　東洋大学大学院博士課程修了，東洋大学勤務，東洋大学工学部環境建設学科教授兼日本女子大学家政学部住居学科非常勤講師．2014 年死去．

編集担当	大橋貞夫，小林巧次郎（森北出版）
編集責任	石田昇司（森北出版）
組　版	ウルス
印　刷	ワコープラネット
製　本	ブックアート

最新測量学（第 3 版）　　　　　　　　　Ⓒ 上浦正樹・姫野賢治　2015

1999 年 2 月 20 日　第 1 版第 1 刷発行　　【本書の無断転載を禁ず】
2005 年 3 月 15 日　第 1 版第 6 刷発行
2005 年 10 月 12 日　第 2 版第 1 刷発行
2014 年 8 月 25 日　第 2 版第 6 刷発行
2015 年 11 月 19 日　第 3 版第 1 刷発行
2022 年 9 月 9 日　第 3 版第 4 刷発行

著　　者　上浦正樹・姫野賢治
発 行 者　森北博巳
発 行 所　森北出版株式会社
　　　　　東京都千代田区富士見 1-4-11（〒102-0071）
　　　　　電話 03-3265-8341 ／ FAX 03-3264-8709
　　　　　https://www.morikita.co.jp/
　　　　　日本書籍出版協会・自然科学書協会　会員
　　　　　JCOPY ＜（一社）出版者著作権管理機構　委託出版物＞

落丁・乱丁本はお取替えいたします．

Printed in Japan／ISBN978-4-627-47143-6

MEMO

MEMO

MEMO

MEMO